高水平地方应用型大学建设系列教材

化工原理实验

辛志玲　朱 晟　张 萍　编著

北 京
冶 金 工 业 出 版 社
2022

内 容 提 要

本书详细介绍了单元操作的相关化工原理实验，既有基础实验，又有设计实验和演示实验，全书共5章，主要内容包括化工原理实验基础知识与基本要求、实验误差分析与数据处理、化工原理基础实验、化工原理设计实验及演示实验等。本书注重理论与实践相结合，注重学生对工程概念的掌握和实际动手能力的培养，实用性强。

本书可作为高等院校化工类及相关专业的教材，也可供化工专业研究人员及实验人员参考。

图书在版编目(CIP)数据

化工原理实验/辛志玲，朱晟，张萍编著. —北京：冶金工业出版社，2022. 1

高水平地方应用型大学建设系列教材

ISBN 978-7-5024-8974-8

Ⅰ. ①化…　Ⅱ. ①辛…　②朱…　③张…　Ⅲ. ①化工原理—实验—高等学校—教材　Ⅳ. ①TQ02-33

中国版本图书馆 CIP 数据核字（2021）第 243071 号

化工原理实验

出版发行	冶金工业出版社	电　　话	(010)64027926
地　　址	北京市东城区嵩祝院北巷 39 号	邮　　编	100009
网　　址	www. mip1953. com	电子信箱	service@ mip1953. com

责任编辑　杜婷婷　程志宏　美术编辑　彭子赫　版式设计　禹　蕊

责任校对　梁江凤　责任印制　禹　蕊

三河市双峰印刷装订有限公司印刷

2022 年 1 月第 1 版，2022 年 1 月第 1 次印刷

710mm×1000mm　1/16；6. 75 印张；106 千字；91 页

定价 33. 00 元

投稿电话　(010)64027932　投稿信箱　tougao@ cnmip. com. cn

营销中心电话　(010)64044283

冶金工业出版社天猫旗舰店　yjgycbs. tmall. com

(本书如有印装质量问题，本社营销中心负责退换)

《高水平地方应用型大学建设系列教材》
编　委　会

《高水平地方应用型大学建设系列教材》序

应用型大学教育是高等教育结构中的重要组成部分。高水平地方应用型高校在培养复合型人才、服务地方经济发展以及为现代产业体系提供高素质应用型人才方面越来越显现出不可替代的作用。2019 年，上海电力大学获批上海市首个高水平地方应用型高校建设试点单位，为学校以能源电力为特色，着力发展清洁安全发电、智能电网和智慧能源管理三大学科，打造专业品牌，增强科研层级，提升专业水平和服务能力提出了更高的要求和发展的动力。清洁安全发电学科汇聚化学工程与工艺、材料科学与工程、材料化学、环境工程、应用化学、新能源科学与工程、能源与动力工程等专业，力求培养出具有创新意识、创新性思维和创新能力的高水平应用型建设者，为煤清洁燃烧和高效利用、水质安全与控制、环境保护、设备安全、新能源开发、储能系统、分布式能源系统等产业，输出合格应用型优秀人才，支撑国家和地方先进电力事业的发展。

教材建设是搞好应用型特色高校建设非常重要的方面。以往应用型大学的本科教学主要使用普通高等教育教学用书，实践证明并不适应在应用型高校教学使用。由于密切结合行业特色及新的生产工艺以及与先进教学实验设备相适应且实践性强的教材稀缺，迫切需要教材改革和创新。编写应用性和实践性强及有行业特色教材，是提高应用型人才培养质量的重要保障。国外一些教育发达国家的基础课教材涉及内容广、应用性强，确实值得我国应用型高校教材编写出版借鉴和参考。

为此，上海电力大学和冶金工业出版社合作共同组织了高水平地方应用型大学建设系列教材的编写，包括课程设计、实践与实习指导、实验指导等各类型的教学用书，首批出版教材18种。教材的编写将遵循应用型高校教学特色、学以致用、实践教学的原则，既保证教学内容的完整性、基础性，又强调其应用性，突出产教融合，将教学和学生专业知识和素质能力提升相结合。

本系列教材的出版发行，对于我校高水平地方应用型大学的建设、高素质应用型人才培养具有十分重要的现实意义，也将为教育综合改革提供示范素材。

上海电力大学校长　李和兴

2020年4月

前　言

化工原理实验属于工程实验的范畴，是高等院校化学化工类专业人才培养的一门重要的基础核心课程，也是培养学生从化工原理基本理论走向工程实践的桥梁，即培养学生运用化工原理理论和工程实验方法解决实际化工问题能力的重要实践课程。化工原理实验课程能够帮助学生掌握单元设备的操作技能、树立工程意识，培养学生分析和解决工程实际问题的能力，提高学生的动手能力和实践创新能力，对培养实践型、创新型、应用型工程技术人才起着至关重要的作用。

本书主要介绍化工原理实验的基础知识及基本要求、实验误差分析和数据处理，包括基础实验、设计实验和演示实验。化工原理的基础实验主要结合化工单元操作，注重提高学生对理论的理解，以及进行化工实验的基础训练。化工原理的设计实验注重培养和提高学生根据实验要求进行实验内容设计的能力、动手能力，以及发现问题和解决问题的能力。化工原理的演示实验为观察实验，注重加深学生对化工单元操作中现象的理解。

本书共 5 章，其中第 1 章、第 4 章和第 5 章由辛志玲编写，第 2 章由朱晟编写，第 3 章由张萍编写。全书由辛志玲统稿。

在本书的编写过程中，得到了化学工程与工艺学科老师们的帮助与支持，在此表示诚挚的谢意。本书参考了相关文献和资料，在此向相关文献作者表示感谢。

由于编著者水平所限，书中不妥之处，敬请读者批评指正。

编著者

2021 年 8 月

目　录

1 化工原理实验基础知识与基本要求

1.1 化工原理实验课程特点与目的

作为化学化工类专业及相关专业的一门基础实验课程，化工原理实验课程不同于基础化学类实验课程，它是贯穿于化工生产过程中各单元操作的基本原理、基本理论的一门操作性很强的实验课程。化工原理实验属于工程实验范畴，它利用自然科学的基本原理和工程实验方法来解决化工及其相关领域的工程实际问题。基础学科（如物理、化学等）的研究对象主要是理想化的、简单的过程或模型，研究方法是基于理想过程或模型的严密数学推理方法。而工程实验的研究对象是实际工程问题，研究方法是工程实验方法。由于化学工程中所用到的物料品种繁多、设备大小和结构相差悬殊、涉及的变量较多，实验研究的工作量大而且难度高，因此，对于实际的工程问题，人们需要采用不同于基础学科的实验研究方法，即处理实际问题的工程实验方法。“化工原理实验”就是一门以处理工程问题的方法论指导研究和处理实际化工过程问题的实验课程。

化工原理实验课程是化工原理教学中的重要组成部分，它与基础实验课的区别在于它是建立在工程实验基础上的学科，强调实践性，突出工程概念。因此，通过化工原理实验课程应该达到如下目的。

（1）巩固和深化理论知识。熟悉典型单元操作的工艺流程与设备的基本原理、结构和性能，验证各单元操作过程的机理、规律，巩固和深化在化工原理课程中所学的基本理论，培养学生理论联系实际的能力。

（2）掌握处理工程问题的实验研究方法。化工原理实验课程中以有效处理工程问题的实验研究方法为主线，正确掌握并灵活运用这些研究方法，有利于培养学生的工程实践能力和过程研究开发能力。

（3）培养学生从事实验研究的能力。高等工科院校的毕业生必须具备一定的实验研究能力。实验研究能力主要包括：

1）为了完成一定的研究课题，独立设计实验方案的能力。

2）对化工单元操作中各种问题的发现、分析、解决以及运用计算机和软件处理实验数据的能力。

3）对基础化工实验结果的归纳总结能力。

4）对化工装置及测量仪表的选择、使用、操作、故障处理、过程控制及准确获得数据的能力。

5）运用文字正确表达技术报告的能力。

通过对学生能力方面的培养和锻炼，为他们将来从事实验研究和解决工程问题打下坚实的基础。

（4）培养学生严肃认真、实事求是的学习态度。实验研究是实践性很强的工作，对实验者有较高的要求。化工原理实验课要求学生具有严肃认真的学习态度和一丝不苟的工作作风，从实验操作、现象观察到数据处理等各个环节都不能马虎。如果粗心大意，轻则实验数据不真实，实验结论错误，重则造成设备或人身事故。总之，实验教学是提高学生动手能力的重要手段，是提高学生分析问题和解决问题的重要途径。

1.2 化工原理实验课程的教学要求

对于学生来说，化工原理实验是第一次用工程装置进行的实验，学生往往会感到无从下手。一般情况下，实验以 2~4 人为一组进行分工协作完成。为了保证教学效果，要求每个学生必须做到以下几点。

1.2.1 实验前进行预习

做实验之前，学生必须认真预习实验指导书，并根据需要及时查阅相关资料，明确所做实验的目的、要求、原理、步骤和实验方法，熟悉实际的实验装置和流程，明确测控点，了解设备和相关仪表的类型、启动程序与调节方法，清楚操作要点和注意事项等。为了使实验数据点在坐标轴上分布均匀，学生初步确定出被测参数的间隔，并预估实验数据的变化规律。实验预习报告主要包括实验目的、实验原理、实验方案、实验装置流程、实验步骤和原始数据记录表。

1.2.2 实验分工

一般2~4人为一组进行实验，实验前做好组织工作，做到既分工又合作。每个小组要有一名组长，负责执行实验方案、工作分配、联络和指挥，保证每个组员各司其职。

1.2.3 实验数据的测定和记录

凡是影响实验结果或与实验相关的数据都应该进行测定。原始数据记录表的设计应该在实验前完成。原始数据包括工作介质性质、操作条件、设备几何尺寸和大气条件等。需要注意的是，不是所有数据都需要直接测定，凡是可以根据某些参数推导出或能借助手册查到的数据不必进行测定。比如水的密度和黏度等性质，一般只要测出水温就可查到。

实验数据的记录不仅是写实验报告的原始资料，也是可供查阅的永久记录。实验过程中，把与实验相关的所有数据、实验过程中的计算、情况说明、实验中出现的问题等直接记录在实验记录本中，这是实验室研究工作的标准做法。这种记录习惯是高素质的表现。实验数据记录具体要求如下。

（1）进行实验时，首先要仔细检查实验装置与仪器仪表是否完好，对电动机、风机、泵的运转设备必须进行检查，对各种阀门，尤其是一些回路阀或旁路阀，应仔细检查其开启情况，该打开的要打开，该关闭的要关闭。

（2）待设备运转正常、操作稳定后才能取样或读取数据。如何判断设备是否达到稳定？一般是经过两次测定，其读数相同或十分相近。实验时当改变某个操作条件后，设备重新达到稳定需要一定的时间，需待其稳定后方可读数，以排除因仪表滞后导致读数不准的情况。

（3）实验过程中应密切注意仪器读数的变化，及时调节（如转子流量计的读数），以保证过程的稳定。

（4）在原始数据记录纸上，如实记录各测量值的名称、数值、符号和计量单位。同一操作条件下，至少应读取两次数据，而且只有当两次读数相近时才能改变操作条件。每个数据记录后应立即复核，避免发生读错或写错数字等事故。

（5）记录的数据应该是直接读取的原始数据，不要记录运算后的数据，例如秒表读数1分20秒，应记为1′20″，而不能记为80″。

（6）数据记录必须真实反映仪表的精度，记录至仪表最小分度以下一位数，这个数为估计值。例如温度计最小分度是 0.1℃，如果水银柱恰好指在 20.5℃时，则读数应记为 20.50℃。

（7）如果数据有明显误差或实验过程中出现不正常现象时，应该如实记录，小组成员与老师一起认真讨论，找到产生异常现象的原因，及时发现和解决问题，或者对现象做出合理的分析和解释。

（8）实验过程中切忌只顾埋头操作和读数，忽略对过程中实验现象的观察。自觉培养勤于观察和善于观察的习惯，是科研工作者和工程技术人员的必备素质。

（9）记录完毕后要仔细检查一遍，有无漏记或记错之处，特别要注意仪表上的计量单位。实验数据经指导老师审查合格后，方可结束实验。停车时，要按操作规程关闭仪器设备，关闭总电源，将实验场地打扫干净后方可离开。

1.2.4 实验数据的整理和处理

实验数据的整理和处理包括：

（1）原始数据记录只可以进行整理，绝不能随便修改。经判断确实为过失误差造成的不正确数据需标明后方可剔除，不计入结果。

（2）采用列表法整理数据，清晰明了，便于比较。一份正式的实验报告一般要有四种表格，即原始数据记录表、中间运算表、综合结果表和结果误差分析表。中间运算表之后应附有计算示例，用以说明各项之间的关系。

（3）运算过程中尽可能利用常数归纳法，以避免重复计算，减少计算错误。

（4）实验结果和结论用列表法、图示法或回归分析法来说明都可以，但需要标明实验条件。

1.2.5 实验报告的撰写

实验报告是指按照一定的格式和要求，表达实验过程和结果的文字材料。实验报告是对实验工作本身和实验工作对象进行评价的主要依据，是实验工作的全面总结和系统概括，是实验工作不可缺少的一个重要环节。写实验报告的过程就是对所测数据加以处理，对所观察的现象加以分析，从中找出客观规律和内在联系的过程。进行实验报告的撰写，对于工科大学生来讲，是一种必不可少的基础训练。

完整的实验报告一般应包括以下内容：

(1) 实验名称。每篇实验报告都要有名称，列在报告的最前面。实验名称应简洁、鲜明、准确。

(2) 实验目的。简明扼要地说明为什么要进行这个实验，本实验要解决什么问题。

(3) 实验原理。简要说明实验的基本原理，主要包括实验中涉及的主要概念、重要定律、公式以及延伸出来的重要结论。

(4) 实验流程图。简单画出实验装置流程图，标出设备、仪器仪表与调节阀等，标出测试点的位置。

(5) 实验操作步骤。根据实际操作过程，按照时间的先后将实验操作划分为几个步骤，使得操作更有条理、更清晰。对于操作过程的说明应该简单易懂。

(6) 实验注意事项。对于容易引起设备或仪器仪表损坏、容易发生危险以及对实验结果影响比较大的操作过程，应在注意事项中明确标出，以引起实验者的注意。

(7) 实验数据记录。实验数据是实验过程中从测量仪表所读取的数值，其有效数字位数由仪表的精度决定。对于实验数据，读数方法要正确，数据记录要准确。实验数据需要记录在原始数据记录纸上。

(8) 实验数据处理。实验数据处理是实验报告的重点内容之一。需要将实验原始数据经过整理、计算、加工成图或表格的形式。图要能直观地表达变量之间的相互关系，表格要显示出数据的变化规律和各参数的相关性。要求学生以某一组原始数据为例，把各项计算过程列出，以说明数据整理表或图中的结果是如何得到的。

(9) 实验结果分析与讨论。实验结果的分析与讨论是实验者理论水平的重要体现，也是对实验方法和结果进行的综合分析研究，是工程实验报告的重要内容之一。其主要内容如下：

1) 从理论上对实验所得的结果进行分析和解释，说明其必然性。

2) 对实验中出现的异常现象进行分析讨论，找到问题产生的原因，说明影响实验的主要因素。

3) 分析误差的大小和产生的原因，提高测量的准确度。

4）本实验结果在生产实践中的价值和指导意义。

（10）思考题。根据实验过程和实验原理回答思考题。

1.3 化工原理实验安全知识

化工原理实验是一门实践性很强的工程实验，与一般化学实验相比既有共同点又有其自身的特殊性。实验过程中不可避免要接触具有易燃、易爆、有毒、有害或具有腐蚀性的物质，同时还会遇到在高压、高温、低温或高真空条件下的操作情况，此外还会涉及用水用电和仪器仪表的操作等问题，为了保证安全进行化工原理实验，下面提出一些实验中必须具备的安全知识和必须遵守的注意事项。

1.3.1 化工原理实验室常见事故

化工原理实验室常见事故主要有：

（1）触电。实验室中空气湿度一般比较大，潮湿的空气凝结成的水滴附着在老化的用电线路或绝缘层的破损处，容易发生触电事故。实验室中乱拉电线、实验设备的损坏等引起的触电事故也时有发生。

（2）烫伤。化工原理实验中有很多实验要高温或者加热环境，如精馏和传热实验，实验过程中高温设备容易烫伤实验人员。

（3）火灾。实验人员误操作、危险化学品存放不当、实验设备损坏、仪器设备过热等因素均容易引起实验室火灾，造成人员伤亡和财产损失。

（4）中毒。吸收实验中有时涉及有毒有害的物质，如果毒性气体泄漏或通风不畅很容易发生中毒事故。

1.3.2 化工原理实验室安全消防知识

实验操作人员必须了解相关的消防知识。实验室内必须准备消防器材。实验人员应该知道消防器材的存放位置并熟悉其使用方法，绝不允许将消防器材移作他用。化工原理实验室常用的消防器材如下：

（1）毛毡、石棉布或湿布。这些器材主要通过隔绝空气来达到灭火的目的，用于迅速扑灭火源区域不大的火灾，也是扑灭衣服着火的常用器材。

（2）沙箱。易燃液体和其他不能用水灭火的危险品着火时可以用沙子扑灭。它能隔绝空气并起到降温的作用，从而达到灭火的目的。但是沙子中不能混有可燃性杂质，并且要保持干燥。潮湿的沙子遇火后因水分蒸发容易使燃着的液体飞溅。沙箱中的存沙量有限，实验室内又不能存放过多的沙箱，所以这种灭火工具只能扑灭局部的小规模火源。对于大规模的火源，因为沙量太少而作用不大。

（3）二氧化碳灭火器。灭火器筒内装有压缩的二氧化碳，当手阀打开时，CO_2 急剧喷出，使燃烧产物与空气隔绝，同时能降低空气的氧气含量，从而达到灭火的目的。当空气中含有 12%～15%的 CO_2 时燃烧停止。使用时要防止现场人员窒息，确保安全。

（4）泡沫灭火器。常见的泡沫灭火器通常分为手提式泡沫灭火器、空气式泡沫灭火器和推车式泡沫灭火器。实验室里使用较多的是手提式泡沫灭火器，其外壳用薄钢板制成，内部有一个玻璃胆，玻璃胆中盛有硫酸铝。胆外装有碳酸氢钠溶液和发泡剂（甘草精）。灭火液的组成为 50 份硫酸铝、50 份碳酸氢钠和 5 份甘草精。使用时将灭火器倒置发生下述化学反应产生 CO_2 泡沫：

$$6NaHCO_3 + Al_2(SO_4)_3 \longrightarrow 3Na_2SO_4 + Al_2O_3 + 3H_2O + 6CO_2$$

泡沫通过黏附在燃烧物表面形成与空气隔绝的薄层来达到灭火的目的。泡沫灭火器适用于扑灭一般的实验室火灾，油类着火开始时可以使用，不能用于扑灭电器和电线火灾，因为泡沫是导电的，容易造成扑火人触电。

（5）干粉灭火器。干粉灭火器筒内装有磷酸铵盐干粉和氮气，使用时拔掉保险销（有的是拉起拉环），按下压把即可喷出干粉。干粉灭火器适用于扑救固体易燃类（A 类）、易燃液体及可融化固体（B 类）、易燃气体（C 类）和带电器具的初起火灾，不能用于扑救轻金属材料的火灾。

1.3.3 危险品安全使用知识

为了确保人身安全，从事化工原理实验的人员必须具备危险品安全知识。实验室里常用的危险品必须合理分类存放，这些危险品大致分成以下几种：

（1）易燃品。易燃品是指易于燃烧的液体、液体混合物或含有固体物质的液体。易燃品易挥发和燃烧，当达到一定浓度时遇到明火就会着火。如果在密闭容器内着火，可能会造成容器内的超压而破裂、爆炸。通常情况下，易燃液体的蒸气密度比空气密度大，当它们在空气中挥发时，经常在低处或地面漂浮。因此，其有可能在距离存放这类液体较远的地方着火，着火后容易蔓延并回传，从而引燃容器中的液体。因此，使用这类易燃物品时必须严禁明火，远离电热器和其他热源，严禁与其他危险品放在一起，防止引起更大的危害。

化工原理精馏实验中经常会涉及有机液体的加热，当其蒸气在空气中的含量达到一定浓度时，能够与空气构成爆炸性混合气体，在遇到明火时就会发生闪燃爆炸。所以，实验时必须保证精馏装置的严密性，保证实验室良好的通风性。

（2）腐蚀品。此类物质通常包括强酸和强碱，如硫酸、盐酸、硝酸、氢氧化钾和氢氧化钠等。它们对皮肤和衣物具有腐蚀性，尤其是在浓度较高的情况下，腐蚀性加剧。其在使用时应防止与人体（尤其是眼睛）和衣服直接接触。

（3）毒品。少量就能使人中毒的物品都称为毒品。中毒途径包括误服、吸入呼吸道和皮肤沾染等。有的毒品蒸气有毒，如压力计中的汞。有的固体或液体有毒，如钡盐和农药等。毒品根据其对人体的危害程度分为有毒品（农药）和剧毒品（氰化钾、砒霜等）。使用毒品时必须十分小心，防止中毒。

化工原理实验中经常会用到压力计，如果操作不当，压力计中的汞可能会被冲洒出来。汞在人体内容易累积造成人体神经系统的紊乱从而引起中毒。因此实验时，装置中尽量避免使用汞。如果使用汞压力计，一定要谨慎操作，开关阀门要缓慢，严密注视液面高度的变化，防止汞冲出压力计，操作时避免碰坏压力计。如果汞冲洒出来，要尽可能将它收集起来，无法收集的细粒，要用硫黄粉或氯化铁溶液覆盖。由于细粒汞蒸发面积大且易于汽化，因此不易用扫帚或水冲洗的方法除去。

1.3.4 高压钢瓶安全使用知识

化工原理实验中经常用到各种高压气体：一种是具有刺激性气味的气体，如吸收实验中的氨、二氧化硫等，这类气体的泄漏容易被发觉；另一种是无色无味但有毒或易燃易爆的气体，如色谱载气的氢气，通常室温下在空气中的爆炸范围为 4%～75.2%（体积分数）。因此使用有毒或易燃易爆气体时，必须保证系统的严密性，注意室内通风。

高压钢瓶是一种用来储存各种压缩气体或液化气体的高压容器。钢瓶容积一般为40~60L，最高工作压力15MPa，最低工作压力在0.6MPa以上。钢瓶主要包括筒体和瓶阀，其他附件有保护瓶阀的安全帽、开启瓶阀的手轮和减少运输过程中震动的橡胶圈。使用时瓶阀出口需要装有减压阀和压力表。标准高压钢瓶根据国家标准制造，经有关部门严格检验合格后才能使用。

钢瓶使用过程中必须定期送有关部门进行水压检验，检验合格的钢瓶瓶肩上打印有下述信息：

（1）制造厂家；

（2）制造日期；

（3）钢瓶的型号和编号；

（4）钢瓶的质量；

（5）钢瓶的容积和工作压力；

（6）水压试验压力；

（7）水压试验日期和下次试验日期。

钢瓶的表面都涂有油漆：一是为了防锈；二是方便从颜色上迅速辨别钢瓶中所储存的气体种类，防止混淆。常用的钢瓶颜色及其标识见表1-1。

表1-1　常用的各类气体钢瓶的颜色及其标识

气体种类	工作压力/MPa	水压试验压力/MPa	气瓶颜色	文字	文字颜色	阀门出口螺纹
氧	15	22.5	浅蓝色	氧	黑色	正扣
氢	15	22.5	暗绿色	氢	红色	反扣
氮	15	22.5	黑色	氮	黄色	正扣
氦	15	22.5	棕色	氦	白色	正扣
压缩空气	15	22.5	黑色	压缩空气	白色	正扣
二氧化碳	12.5（液）	19	黑色	二氧化碳	黄色	正扣
氨	3（液）	6	黄色	氨	黑色	正扣
氯	3（液）	6	草绿色	氯	白色	正扣
乙炔	3（液）	6	白色	乙炔	红色	反扣
二氧化硫	0.6（液）	1.2	黑色	二氧化硫	白色	正扣

使用钢瓶时，为了保证安全需要注意以下问题：

（1）禁止钢瓶靠近热源或受日光直晒，防止气体受热膨胀。气体膨胀后瓶内压力增大，当压力超过钢瓶的耐压强度时，有发生爆炸的可能。因此钢瓶在运输、保存和使用中，必须远离热源（如明火、暖气和炉子等），避免长时间在日光下暴晒。

（2）尽可能避免氧气钢瓶和可燃性气体钢瓶放在同一房间内，比如氧气钢瓶和氢气钢瓶，如果两种气体同时漏气容易引起着火和爆炸。如果氢气泄漏，当氢气在空气中的混合浓度达到4%~75.2%（体积分数）时，遇到明火会发生爆炸，因此，可燃性气体钢瓶与明火距离应该保持在10m以上。

（3）禁止钢瓶受到猛烈撞击或碰倒跌落，防止引起爆炸。钢瓶在运输的过程中，要轻搬轻放，避免撞击或跌落，使用时需要牢靠地固定在架子上或墙上，禁止用锥子、扳手等金属器具敲打钢瓶。

（4）使用钢瓶时必须用专用的减压阀和压力表。特别是氧气和氢气的减压阀不能互换。为了防止氧氢两种气体的减压阀混用，一般氧气表和氢气表的表盘上都标注有“氧气表”和“氢气表”的字样。氧等不可燃烧气体的瓶阀连接管为右旋螺纹，氢及可燃气体的瓶阀连接管为左旋螺纹。

（5）如果钢瓶内储存的是氢、氧和二氧化碳等，则瓶阀应该用铜和钢制成；如果钢瓶内存放的是二氧化硫和氨等气体，则瓶阀必须用不锈钢制成，防止瓶阀腐蚀漏气。

（6）开关瓶阀时首先要搞清楚方向并缓慢转动，用力过猛和旋转方向错误都会使螺纹受损，致使瓶阀冲脱而出，造成事故。关闭瓶阀时，钢瓶不漏气即可，不要关得太紧，使用完毕或搬运时必须关闭瓶阀并装上保护瓶阀的安全帽。

（7）严禁氧气瓶阀接触油脂。高压氧气与油脂相遇容易引起燃烧甚至爆炸。开关氧气瓶时，禁止用带油污的扳手。

（8）当钢瓶中的压力低至0.5MPa时，应该停止使用。压力太低容易给充气带来不安全因素，当瓶内压力与外界压力相同时会造成外界空气的进入。

（9）钢瓶安装好后，每次使用前需要在瓶阀附近用肥皂水检查密封情况，确认不漏气才能使用。对于有毒或易燃易爆的钢瓶，除了保证不漏气外最好单独放在一个远离实验室的空间。

（10）开启钢瓶阀门或者调节压力时，人不能站在气体出口的前方，头也不能在瓶口上方，应该在钢瓶侧面，防止钢瓶总阀或气表被冲出而使人受伤。

1.3.5　实验室安全用电知识

化工原理实验中用电的设备比较多，如“精馏实验”“对流传热系数测定”等实验设备用电负荷比较大。因此，在接通电源之前必须认真检查电器设备和电路是否符合要求，必须清楚整套实验装置的启动和停车操作顺序，必须熟悉紧急停车的方法。为了安全起见，实验室应该安装空气开关，当通过开关的电流超过额定值时开关会发热，从而导致开关里面的脱扣装置脱扣，切断电源，防止电流过大而烧毁电路。

实验室安全用电非常重要，实验操作人员应当严格遵守以下相关操作规定：

（1）进行实验之前必须了解实验室内总电闸和分电闸的位置，便于出现用电故障时及时切断电源。

（2）操作设备时必须保持手的干燥。所有带电状态的电器设备不能用湿抹布擦拭，不能有水落于上面。禁止用试电笔试高压电。

（3）启动电动机时，合闸前要先用手转动一下电动机的轴，合上电闸后，查看电动机是否转动，如果不转动，应该立即拉电闸，否则电动机容易被烧毁。如果电源开关是三相刀闸，则合闸时要快速合到底，避免发生“跑单相”（三相中有一相实际上未接通），防止电动机被烧毁。

（4）对于电热器，通电之前要搞清楚进行电加热所需要的前提条件是否具备。如精馏实验中，在接通塔釜电加热器之前，必须确认塔顶冷凝器的冷却水是否已经打开，釜内液面是否符合要求。

（5）必须在切断电源的情况下进行电器设备的检查和维修。电器设备的金属外壳应接地线，并定期进行检查。导线的接头应该牢固连接，裸露部分必须用绝缘胶布包好，或者套上塑料绝缘套。

（6）电源或电器设备上的保护熔断丝或保险管，应按照规定的电流标准使用，禁止私自加粗保险丝或采用铜丝或铝丝代替。

（7）如果实验过程中发生停电现象，必须切断电源，防止操作人员离开现场后，突然供电导致电器设备在无人监视下运行。

（8）离开实验室前，必须拉下总电闸。

1.3.6　实验室规则

实验室规则如下：

(1) 穿好实验外衣，准时进入实验室，不能迟到，不得早退，不得旷课。

(2) 遵守纪律，严肃认真地进行实验，实验室内不能吸烟，不能大声说笑，不得穿拖鞋进入实验室，禁止进行与实验无关的活动。

(3) 实验前认真预习，写好预习报告，实验指导老师检查通过后才能进行实验，不得乱摸乱动与实验无关的仪器。

(4) 爱护仪器，注意安全，节约使用水、电、气和药品。

(5) 保持实验室干净整洁，废品和废物丢入垃圾箱内，衣物、书包和书籍要放到指定的位置上，禁止挂到设备上。

(6) 实验结束后，原始数据需要指导老师检查并签字。将实验仪器恢复原状，关好门窗，检查水、电、气源是否关好，确定没问题后方可离开实验室。

2 实验误差分析与数据处理

在实验过程中，由于实验方法和实验设备的不完善、仪器仪表的局限、人为的观察因素以及周围环境的影响等原因，实验测量值与真值之间不可避免地存在一定的差异，在数值上表现为误差。误差的存在具有必然性和普遍性。误差分析的目的是评判实验数据的精确性和可靠性。通过误差分析认清误差的来源及其影响，确定导致误差的主要因素，排除个别无效数据，从而正确组织实验过程，合理选择实验仪器和测量方法，从而提高实验的精确性。

2.1 误差的基本概念

2.1.1 真值与误差

2.1.1.1 真值

真值也称为理论值或定义值，是指某物理量客观存在的实际值。进行测量时，由于测量仪器、测量方法、环境条件以及人的观测能力等都不能达到完美无缺，因此，真值是无法测得的，但通过反复多次的观测可得到逼近真值的近似值。在实验误差分析过程中，一般通过下述方法来选取真值。

（1）理论真值。这一类真值是可以通过理论证实而知的值，如直角三角形中两个锐角的和为90°，以及一些理论设计值和理论公式表达值等。

（2）相对真值。在某些过程中，经常使用高精度级标准仪器的测量值代替普通测量仪器的测量值的真值，称为相对真值。如用高精度铂电阻温度计测量的温度值相对于普通温度计指示的温度值而言是真值；用标准气柜测量得到的流量值相对于转子流量计与孔板流量计指示的流量而言是真值。

（3）平均值。平均值是指对某物理量经过多次测量算出的平均结果，可用它代替真值。当测量次数无限多时，算出的平均值应该是很接近真值的。实际上，测量次数是有限的，因此平均值只能近似地接近真值。常用的平均值有算术平均值、加权平均值、几何平均值、对数平均值和中位值等。在化工实验中，数据分布一般为正态分布，因此常采用算术平均值。

设 x_1，x_2，…，x_n 是实验中对于某物理量的一组观测数据，定义算术平均值为：

$$\overline{x} = \frac{1}{n}(x_1 + x_2 + \cdots + x_n) = \frac{1}{n}\sum_{i=1}^{n} x_i$$

2.1.1.2　误差

误差是指实验测量值（包括直接测量值和间接测量值）与真值（客观存在的准确值）之差，表示为：

误差=测量值-真值

误差的大小，表示每一次的测量值相对于真值不符合的程度。

2.1.2　误差的来源和分类

根据误差的性质及其产生的原因，误差可分为系统误差、随机误差和过失误差三类。

2.1.2.1　系统误差

由某些固定不变的因素引起的误差称为系统误差。当在同样的实验条件下进行多次测量时，系统误差的数值大小和正负保持恒定，或误差随条件改变按照一定的规律变化。系统误差表明一个测量结果偏离真值或实际值的程度。系统误差的大小可以用正确度来表征，系统误差越小，正确度越高；系统误差越大，正确度越低。

系统误差产生的原因主要有：

（1）测量仪器的影响，如刻度不准、仪器未校正或存在零点偏差、仪器设计上的缺点、安装不正确等。

（2）测量方法的影响，如用近似的测量方法测量或利用简化的计算公式进行计算。

（3）周围环境的影响，如温度、湿度和压力等外界因素的变化。

（4）人为因素的影响，如实验人员个人的习惯和偏向导致的读数偏高或偏低。

由于系统误差是误差的重要组成部分，在测量时，一般可根据具体原因采取相应措施给予校正或用修正公式加以消除，对于难以消除的系统误差，应设法确定或估计其大小，以提高测量的正确度。

2.1.2.2　随机误差（又称偶然误差）

由于某些不易控制的偶然因素造成的误差称为随机误差（如观测对象的波动、肉眼观测欠准确等）。在相同条件下作多次测量，其误差数值和符号是不确定的。随机误差是一种随机变量，因而在一定条件下服从统计规律，其大小与测量次数有关。随着测量次数的增加，随机误差的平均值可以减小，但不会消除。其判别方法如下：在相同条件下，观测值变化无常，但误差的绝对值不会超过一定界限，绝对值小的误差比绝对值大的误差出现的次数要多，近于零的误差出现的次数最多，正负误差出现的次数几乎相等，误差的算术均值随观测次数的增加而趋于零。

2.1.2.3　过失误差

与实际明显不符合的误差称为过失误差，如测错（测量时对错标记等）、读错（将6读成了8）和记错等。过失误差主要是由于实验人员粗心大意、过度疲劳或操作不正确造成的。这类误差往往与正常值相差很大，应在整理数据时加以剔除。

2.1.3　误差的表示方法

2.1.3.1　绝对误差

某物理量的测量值（x）与真值之差称为绝对误差（d），简称误差。在工程计算中，真值常用算术平均值（$\overline{x}$）或相对真值代替，因此

$$绝对误差=测量值-真值=测量值-算术平均值$$

即

$$d = |x - \overline{x}|$$

2.1.3.2　相对误差

绝对误差与真值的比值称为相对误差，相对误差可以清楚地反映出测量的准确程度。

$$\text{相对误差} = \frac{\text{绝对误差}}{\text{真值}} \times 100\% = \frac{|x - \overline{x}|}{\overline{x}} \times 100\%$$

需要注意的是，绝对误差是一个有量纲的值，而相对误差是无量纲的百分数。

2.1.3.3　算术平均误差 δ

算术平均误差也简称平均误差，是指各个测量点误差绝对值的算术平均值，其定义式如下：

$$\delta = \frac{1}{n}\sum_{i=1}^{n} |x_i - \overline{x}|$$

用算术平均值来表示实验观测数据的准确度，优点是计算简单，缺点是无法表示各组观测数据之间彼此符合的情况。例如，一组观测值中的偏差彼此接近，而另一组观测值的偏差中有大、中、小三种，但这两组数据的平均误差可能相同。因此，只有当 n 较大时，才能比较可靠地用平均误差来表示观测数据的准确性。

2.1.3.4　标准误差 σ

标准误差亦称为均方根误差或方差，是指各观测数据误差平方和的算术平均值的平方根，即

$$\sigma = \sqrt{\frac{1}{n-1}\sum_{i-1}^{n} (x_i - \overline{x})^2}$$

标准误差不取决于各观测数据误差的符号，对观测值中的较大误差或较小误差比较敏感，通常用 σ 表示观测数据的精密度大小。

2.2　实验数据的有效数字

2.2.1　有效数字的概念

有效数字是指一个数据中除最末一位数为不确定或欠准外，其余各位数

都是准确知道的。实验中无论是直接测量的数据还是计算结果，都要以一定位数的数字来表示。实验数据的有效位数是由测量仪表的精度来决定的。通常情况下，实验数据应记录到测量仪表最小分度的十分之一位。例如，使用精确度为 1mm 的刻度尺测量长度时，最小读数可以读到 0.1mm。如果测定的长度在 21mm 和 22mm 中间，则应计长度为 21.5mm，其中前两位数字是直接从刻度尺上读出的，是准确的读数，最后一位数是估计的，也称为可疑数字。这样，数据 21.5mm 就有 3 位有效数字。如果读数恰好在 21mm 刻度上，则应记作 21.0mm，如果记为 21mm 则失去了一位有效数字，从而降低了数据的精度。有效实验数据的末尾一定有一位可疑数字。

2.2.2 "0"在有效数字中的作用

测量的精度是通过有效数字的位数来表示的。有效数字的位数应是除定位用的"0"以外的其余数位，即用来指示小数点位数或定位的"0"则不是有效数字。如 30℃与 30.0℃的有效数字位数不同，前者为 2 位有效数字，后者为 3 位有效数字，而 0.03℃虽然有 3 位数字，但有效数字只有 1 位。

2.2.3 科学计数法

在科学研究和工程计算中，为了清楚地表示数据的精度与准确度，通常将有效数字写出并在第一个有效数字后加上小数点，而数值的数量级用 10 的整数幂来表示，这种以 10 的整数幂来计数的方法称为科学计数法。例如，280000 的有效数字如果为 4 位，则写成 2.800×10^5，如果只有 2 位有效数字就写成 2.8×10^5。

2.2.4 有效数字的舍入规则

当有效数字位数确定后，舍去其余数字的方法是将末尾有效数字后面的第一位数字四舍五入，即：

（1）若末尾有效数字后面的第一位数字小于 5，则舍去。

（2）若末尾有效数字后面的第一位数字大于 5，则将末尾有效数字加上 1。

（3）若末尾有效数字后面的第一位数字等于 5，则由末尾有效数字的奇偶性决定。当其为偶数或 0 时，则保持不变；当其为奇数时，则加上 1。

例如，对下面几个数保留3位有效数字：

$$18.13 \rightarrow 18.1$$

$$18.19 \rightarrow 18.2$$

$$18.35 \rightarrow 18.4$$

$$18.25 \rightarrow 18.2$$

2.2.5　有效数字的运算规则

当数据的位数很多，超过有效数字的位数时，需要将多余的位数舍去，运算规则如下：

（1）加减运算规则。在加减运算中，各数所保留的小数点后的位数应该与各数中小数点后面位数最少的相一致。例如，将13.65、0.0082、1.632三个数相加，应该写成：

$$13.65+0.01+1.63=15.29$$

（2）乘除运算规则。有效数的乘积或商，其位数应与各乘、除数中位数最少的相同。例如0.0121、25.64、1.05782三个数相乘，应写成：

$$0.0121 \times 25.6 \times 1.06 = 0.328$$

（3）对数运算规则。在对数计算中，对数的有效数字位数应与其真数相同。如：

$$\lg 55.0 = 1.74$$

$$\ln 55.0 = 4.01$$

2.3　实验数据处理

实验数据处理是整个实验研究过程中的一个重要环节，其目的是将实验中获得的大量数据进行归纳整理，得出各变量之间的定量或定性关系，用以验证理论、指导实践与生产。目前，数据处理的方法有列表法、图示法和方程表示法三种。

2.3.1　列表法

将实验直接测定的数据以表格形式表示，以反映出各变量之间的对应关系。在化工实验过程中，列表法的应用十分广泛，常用于记录原始数据及汇总实验结果。

拟定记录表格时应注意下列问题：

（1）实验数据表的表头要列出所有物理量的名称、符号和单位，不要和数据写在一起。

（2）要注意有效数字的位数，记录的数字位数应与测量仪表的准确度相匹配。

（3）对于数量级很大或很小的数，需要用科学计数法来表示，在名称栏中乘以适当的倍数。例如，$Re=58120$，用科学计数法表示 5.81×10^4。列表时，项目名称写为 $Re(\times10^{-4})$，数据表中数字则写为5.81。同时需要注意有效数字位数的保留。

（4）在实验数据归纳表中，应详细列出实验过程记录的原始数据以及通过实验得到的实验结果，同时还应列出实验数据计算过程中较为重要的中间数据。

2.3.2 图示法

图示法是将离散的实验数据或计算结果标绘在坐标纸上，用“圆滑”的方法将各数据点用直线或曲线连接起来，从而直观地反映因变量和自变量之间的关系。图示法的优点是直观清晰，容易看出数据的中极值点、转折点、周期性、变化率以及其他特性。作曲线图时必须依据一定的法则，只有遵守这些法则，才能得到与实验点位置偏差最小并且光滑的曲线图形。

2.3.2.1 坐标纸的选择

在化工研究过程中经常使用的坐标系有直角坐标系、对数坐标系和半对数坐标系。

坐标纸的选择一般是根据变量数据的关系或预测的变量函数形式来确定，其原则是尽量使变量数据的函数关系接近直线。

（1）直线关系：对于线性函数 $y=ax+b$，选用直角坐标纸。

（2）指数函数关系：对于指数函数 $y=ab^x$，两边取对数得到：$\lg y=\lg a+x\lg b$，由于 $\lg y$ 与 x 呈直线关系，因此选用半对数坐标纸。

（3）幂函数关系：对于幂函数 $y=ax^b$，两边取对数得到：$\lg y=\lg a+$

$b\lg x$，由于 $\lg y$ 和 $\lg x$ 呈直线关系，所以选用对数坐标纸。

2.3.2.2 对数坐标的特点

对数坐标的特点是：某点的坐标示值是该点的变量数值，但纵坐标和横坐标到原点的距离却是该点相应坐标变量数值的对数值。例如，当 $x=6$ 时，$y=15$，则该数据在对数坐标中的点坐标为（6，15），但是该数据的横坐标到原点的距离为 $\lg 6=0.78$，纵坐标到原点的距离为 $\lg 15=1.2$。因此，在对数坐标中，直线的斜率为 $k=\lg\alpha=\dfrac{\lg y_2-\lg y_1}{\lg x_2-\lg x_1}$，其中（$x_1$，$y_1$）和（$x_2$，$y_2$）为直线上任意两点的坐标值。

2.3.2.3 坐标的分度

坐标分度是指坐标轴单位长度所代表的物理量数值的大小，即坐标的比例尺。坐标分度的选择要能反映实验数据的有效数字位数，此外，分度的选择应该使数据容易读取。

（1）在同一张坐标纸上，同时标绘几组测量数据时，应选用不同的符号加以区分（如△、□、○等）。

（2）绘制的图线应是光滑的，应使尽量多的点落于图线上，如果有的数据偏离图线，则应使其均匀分布在图线的两侧。

（3）定量标绘的坐标图，其坐标轴上必须标明该坐标所代表的变量名称、符号及所用的单位。

3 化工原理基础实验

3.1 流体流动阻力测定实验

3.1.1 实验目的

（1）通过测定流体流动阻力摩擦系数，学会采用量纲分析方法组织实验的研究方法。

（2）测定流体流经直管的摩擦阻力，确定直管阻力摩擦系数与雷诺数之间的关系。

（3）测定管件局部阻力，确定其局部阻力系数。

（4）了解、识别组成管路系统的各部件、阀门及其作用。

3.1.2 实验内容

（1）测定流动流体在一定材质和管壁相对粗糙度（ε/d）的直管中的阻力摩擦系数 λ，并确定 λ 和雷诺数 Re 之间的关系。

（2）测定流体通过阀门或90°肘管时的局部阻力系数。

3.1.3 实验基本原理

流体管路是由直管、管件（如三通、肘管、弯头等）和阀门等部件组成。流体在管路中流动时，由于黏性剪应力和涡流的作用产生阻力。流体在直管中流动的机械能损失称为直管阻力。流体通过阀门、管件等部件时，由于流向与流道的多变造成边界层分离，所产生的漩涡使内摩擦增加，消耗机械能，形成局部阻力。

3.1.3.1 直管阻力

流体在水平的均匀管道中稳定流动时，根据机械能守恒方程式，由衡算截面 1 流动至衡算截面 2 的阻力损失表现为压力的降低，即

$$h_f = \frac{p_1 - p_2}{\rho} = \frac{\Delta p}{\rho} \tag{3-1}$$

由于流体分子在流动过程中的运动机理十分复杂，影响阻力损失的因素众多，目前尚不能完全用理论方法来解决流体阻力的计算问题，需要通过实验研究掌握其规律。量纲分析法是解决化工实际问题常采用的实验研究方法。它是通过对过程有关物理量的量纲分析，将各物理量组成若干个无量纲的特征数，再借助实验建立无量纲的特征数之间的关系。应用量纲分析法可以减少实验工作量，降低实验工作难度，并且可将实验室规模的小设备利用某种物料实验所得的结果推广应用于实际的化工设备或其他物料。

将所有影响流体阻力的工程因素按以下三类变量：

（1）流体性质：密度 ρ，黏度 μ。

（2）管路几何尺寸：管径 d，管长 l，管壁粗糙度 ε。

（3）流动条件：流速 u。

阻力损失 h_f 与各个变量之间的关系表示为：

$$h_f \propto \Delta p = f(d,\ l,\ \mu,\ \rho,\ u,\ \varepsilon) \tag{3-2}$$

根据量纲分析方法，可将上述变量之间的关系组合为无量纲准数之间的关系：

$$\frac{\Delta p}{\rho u^2} = \phi\left(\frac{du\rho}{\mu},\ \frac{l}{d},\ \frac{\varepsilon}{d}\right) \tag{3-3}$$

式中 $\frac{du\rho}{\mu}$——雷诺准数（Reynolds number），$\frac{du\rho}{\mu} = Re$ 是表征流体流动形态影响的无量纲准数；

$\frac{l}{d}$——表征系统几何特征尺寸的无量纲几何准数，亦称相对长度，反映管子的几何尺寸对流动阻力的影响；

$\frac{\varepsilon}{d}$——管壁相对粗糙度，反映管子粗糙度对流动阻力的影响。

将式（3-3）改写为：

$$\frac{\Delta p}{\rho}=\frac{l}{d}\cdot\phi'\left(Re,\ \frac{\varepsilon}{d}\right)\cdot\frac{u^2}{2} \tag{3-4}$$

定义

$$\lambda=\phi'\left(Re,\ \frac{\varepsilon}{d}\right) \tag{3-5}$$

则

$$h_{\mathrm{f}}=\frac{\Delta p}{\rho}=\lambda\cdot\frac{l}{d}\cdot\frac{u^2}{2} \tag{3-6}$$

式中 λ——直管阻力摩擦系数。

式（3-6）即为通常计算直管阻力的公式。

用压差传感器测定直管段两端的压差，若用水银 U 形压差计测定，则

$$\Delta p=R(\rho_{\mathrm{Hg}}-\rho)g \tag{3-7}$$

式中 R——U 形压差计两侧的液柱高度差；

ρ_{Hg}——水银的密度，$\mathrm{kg/m^3}$；

ρ——流体的密度，$\mathrm{kg/m^3}$；

g——重力加速度，$9.8\mathrm{m/s^2}$。

由式（3-5）可知，不管何种流体，只要知道了直管摩擦阻力系数 λ 与 Re 和 ε/d 的关系，就可以计算任一流体在管道中的流动阻力损失。

3.1.3.2 局部阻力

局部阻力通常有两种表示方法，即当量长度法和局部阻力系数法。

（1）当量长度法。

流体通过管件或阀门的局部阻力损失折合成流体流过一定长度的相同管径的直管阻力，这一直管长度称为管件或阀门的当量长度，用符号 l_{e} 表示。在管路计算时，可将管路中的直管长度与管件阀门的当量长度合并在一起计算，如管路系统中直管长度为 l，各种局部阻力的当量长度之和为 $\sum_i l_{\mathrm{e}_i}$，则流体在管路中流动的总阻力损失为：

$$\sum h_{\mathrm{f}}=\lambda\left(\frac{l+\sum_i l_{\mathrm{e}_i}}{d}\right)\frac{u^2}{2} \tag{3-8}$$

(2) 局部阻力系数法。

流体通过某一管件或阀门的阻力损失表示为动能的某一倍数，这种计算局部阻力的方法，称为阻力系数法，即

$$e = \frac{\Delta p}{\rho} = \xi \frac{u^2}{2} \tag{3-9}$$

式中 ξ——局部阻力系数。

严格说来，局部阻力系数 ξ 是随雷诺数 Re 的改变而变化的，但在阻力平方区，随 Re 的增大，ξ 逐渐趋于一常数。从有关手册中查到的局部阻力系数通常是指流体处于阻力平方区的数值。

一般情况下，由于管件和阀门的材料及加工精度不完全相同，每一制造厂及每一批产品的阻力系数是不尽相同的。

3.1.4 实验装置和流程

实验测试仪表包括直管及管件、离心泵、循环水箱、涡轮流量计、阀门、压差传感器、温度计。

实验装置流程如图 3-1 所示，由管子、管件、闸阀（用于局部阻力测定）、控制阀、流量计及离心泵等组成。实验装置的前半部分为局部阻力测试段，后半部分为直管阻力测试段（可以根据教学需要把光滑管和粗糙管串联或并联连接，分别测试其阻力）。配置水箱供水，循环使用。为了防止脏物进入系统造成堵塞，在泵的入口加装过滤器。在循环水箱底部装设排泄阀，实验结束可以排空系统中的液体或定期更换水箱中的水。

实验物料为自来水。

由式（3-6）和式（3-9）可知，当实验装置确定后，只要改变管路中流体流速 u 或流量 q_v，测定相应的直管阻力压差 Δp_1 和局部阻力压差 Δp_2，就能通过计算得到一系列的 λ 和 ξ 的值以及相应的 Re 的值。

3.1.5 测试方法

原始数据有流速 u（或流量 q_v）、直管段压差 Δp_1 和局部段压差 Δp_2、流体温度 t（据此确定 ρ、μ），此外还有管路直管 d 和直管长度 l。

在直管段两端和局部段两端各设一对测压点，分别用以测定 Δp_1 和 Δp_2，在管路中配置一个流量（或流速）和温度测试点，共 6 个测试点。

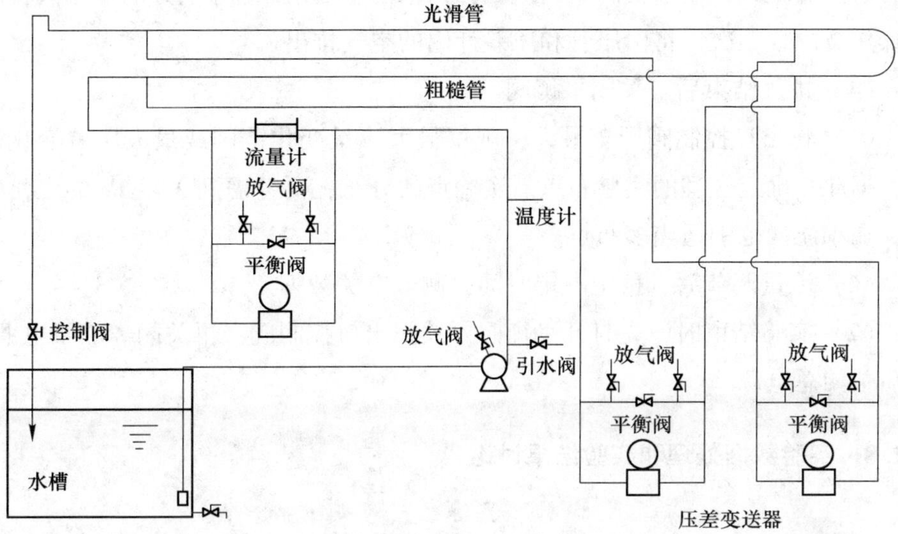

图 3-1 流体流动阻力测定实验装置流程

（1）直管段和局部段压差的测定：采用压差变送器（或用水银 U 形压差计）。

（2）流速或流量的测定：工程上测量流量较测流速更为方便，可用涡轮流量计或转子流量测定流量。

（3）温度的测定：用热电阻温度计或水银玻璃温度计测定，单位为℃。

3.1.6 控制点与调节方法

实验中需控制调节的参数是流体流量 q_v。在管路系统出口端设置控制调节阀门，用以调节流量并保证整个管路系统满灌。

3.1.7 实验步骤

（1）实验正式开始前，关闭流体出口控制阀门，打开压差计平衡阀。

（2）启动离心泵。

（3）分别进行管路系统、引压管、压差计的排气，排出可能积存在系统内的空气。

1）管路系统排气：打开出口调节阀，让水流动片刻，将管路中的大部分空气排出，然后关闭出口阀。反复 2 次或 3 次。

2）引压管和压差计排气：依次打开并迅速关闭压差计上方的排气阀，反复操作2次或3次，将引压管和压差计内的空气排出。

（4）排气结束后，关闭平衡阀。

（5）将出口控制阀开至最大，观察最大流量变化范围或最大压差变化范围，据此，确定合理的实验布点。实验点的分布，要考虑到 λ 随 Re 的变化趋势，在小流量范围适当多布点。

（6）流量调节后，稳定一定时间，测取有关数据。

（7）实验结束时，先打开平衡阀，关闭出口控制阀，再关闭离心泵电源，最后关闭总电源。

3.1.8 实验数据处理和实验结果讨论

3.1.8.1 实验数据记录

原始数据记录表的格式见表3-1。

表3-1 流体流动阻力测定原始数据表

实验装置号：No.　　；直管长度 l：　　m；管径 d：　　mm；水温 t：　　℃

序号	流量 q_v/L·h^{-1}	直管阻力压差 Δp_1/kPa	局部阻力压差 Δp_2/kPa	粗糙管压差 Δp_3/kPa
1				
2				
3				
⋮				

3.1.8.2 实验数据整理和结果分析

（1）在双对数坐标纸上关联 λ 和 Re 之间的关系。

（2）对实验结果进行分析讨论，例如：讨论层流、湍流和阻力平方区 λ 与 Re 的关系，并与教材中的图形线比较，论述所得结果的工程意义等，并从中得出若干结论。

（3）对实验数据进行必要的误差分析，评价数据和结果的误差，并分析其原因。

3.1.9 思考题

(1) 压差计上装设的“平衡阀”有何作用？在什么情况下它是开着的，又在什么情况下它应该是关闭的？

(2) 为什么要将实验数据在对数坐标纸上标绘？

(3) 结合本实验，思考量纲分析方法在处理工程问题时的优点和局限性。

安全小贴士：不要靠近电动机，防止衣角、头发等卷入。

3.2 离心泵特性曲线的测定实验

3.2.1 实验目的

(1) 了解离心泵的结构特点，熟悉离心泵的工作原理。

(2) 掌握离心泵的操作方法，测定离心泵特性曲线。

3.2.2 实验内容

测定一定转速下离心泵的特性曲线。

3.2.3 实验基本原理

离心泵是工业上最常用的液体输送机械之一。工业上选用泵时，一般是根据生产工艺要求的扬程和流量，考虑所输送液体的性质和泵的结构特点及工作特性，来决定泵的类型和型号。

泵的特性主要是指泵在一定转速下，其扬程、功率和效率与流量的关系。离心泵的特性，通常与泵的结构（如叶轮直径的大小、叶片数目及弯曲程度）、泵的转速以及所输送液体的性质有关，影响因素很多。对于后弯叶片的泵，理论上导出的流量和扬程之间的关系是在假定液体为理想流体、叶片无限多时推导得到。实际上，任何液体都是有黏性的，而泵的叶片数也是有限的。由于离心泵叶片数有限，液体在泵内叶片间会产生涡流，导致机械能损失，此损失只与叶片数、液体黏度、叶片表面的粗糙度等因素有关。实际流体从泵的入口到出口存在阻力损失，其大小与流速的平方大小成正比。此外，进入泵中的液体在突然离开叶轮周边冲入沿泵蜗壳流动的液流时，会产生冲击，也造成机械能的部分损失。

显然，以上讨论的机械能损失在理论上是难以计算的。因此，离心泵的特性只能采用实验的方法实际测定。

如果在泵的进口和出口管处分别安装上真空表和压力表，则可根据伯努利方程得到扬程的计算公式：

$$H_e = \frac{p_2}{\rho g} - \frac{p_1}{\rho g} + h_0 + \frac{u_2^2 - u_1^2}{2g} \tag{3-10}$$

式中 H_e ——泵的实际扬程，m；

p_1 ——真空表所处截面的绝对压力，MPa；

p_2 ——压力表所处截面的绝对压力，MPa；

h_0 ——二测压点截面之间的垂直距离，m；

u_1 ——泵进口管流速，m/s；

u_2 ——泵出口管流速，m/s。

由于压力表和真空表的读数均是显示经过引压管后测压点处的表压，因此式（3-10）可表示为：

$$H_e = H_{压} + H_{真} + h_0 + \frac{u_2^2 - u_1^2}{2g} \tag{3-11}$$

$$H_{压} = \frac{P_2}{\rho g}, \quad mH_2O \ (1mH_2O = 9.81kPa)$$

$$H_{真} = \frac{P_1}{\rho g}, \quad mH_2O$$

式中 P_2——压力表的显示值；

P_1——真空表的显示值；

ρ——实验条件下液体密度，kg/m^3。

离心泵的进、出口管直径一般相差不大，且液体的动能项可以省略，因此扬程 H_e 的最终计算式为：

$$H_e = H_{压} + H_{真} + h_0 \tag{3-12}$$

离心泵的效率为泵的有效功率与轴功率的比值：

$$\eta = \frac{N_e}{N_{轴}} \tag{3-13}$$

式中　η——离心泵的效率；

N_e——离心泵的有效功率，kW；

$N_{轴}$——离心泵的轴功率，kW。

有效功率 P_e 可用下式计算：

$$P_e = \rho g q_v H_e \tag{3-14}$$

或

$$P_e = \frac{\rho g q_v H_e}{102} \tag{3-15}$$

式中　q_v——流体流量，m^3/s。

泵的轴功率是由泵配置的电动机提供的，而输入电动机的电能在转变成机械能时亦存在一定的损失，因此，工程上有意义的是测定离心泵的总效率(包括电动机效率和传动效率)。

$$\eta_{总} = \frac{P_e}{P_{电}} \tag{3-16}$$

实验时，使泵在一定转速下运转，测出对应于不同流量的扬程、电动机输入功率、效率等参数值，将所得数据整理后用曲线表示，即得到泵的特性曲线。

离心泵的特性与泵的转速有关，转速不同，泵的流量、扬程、功率、效率等也不同，亦即离心泵的特性曲线随转速变化相应发生改变。工业上，广泛利用出口阀门调节离心泵的流量，实际上是利用阀门的开度改变系统的阻力，从而达到调节流量的目的。根据上述实验原理测定的结果只是反映了离心泵本身在一定转速下的特性。通常，生产厂家给出的泵特性曲线是在进、出口管路直径与泵的进、出口直径相同的情况下测定的，离心泵铭牌上给出的参数值是指泵在最高效率点的流量和扬程。

3.2.4　实验装置和流程

实验的主要设备有离心泵、循环水箱、阀门。流量测量仪表为涡轮流量计。测压仪表为压力表、真空表。测温仪表为温度计。

实验装置流程如图 3-2 所示，由离心泵和进出口管路、压力表、真空表、流量计和调节控制阀组成。实验物料为自来水。为了保证离心泵在启动时满灌，排除泵壳内的空气，在泵的进口管路末端安装有止逆底阀。

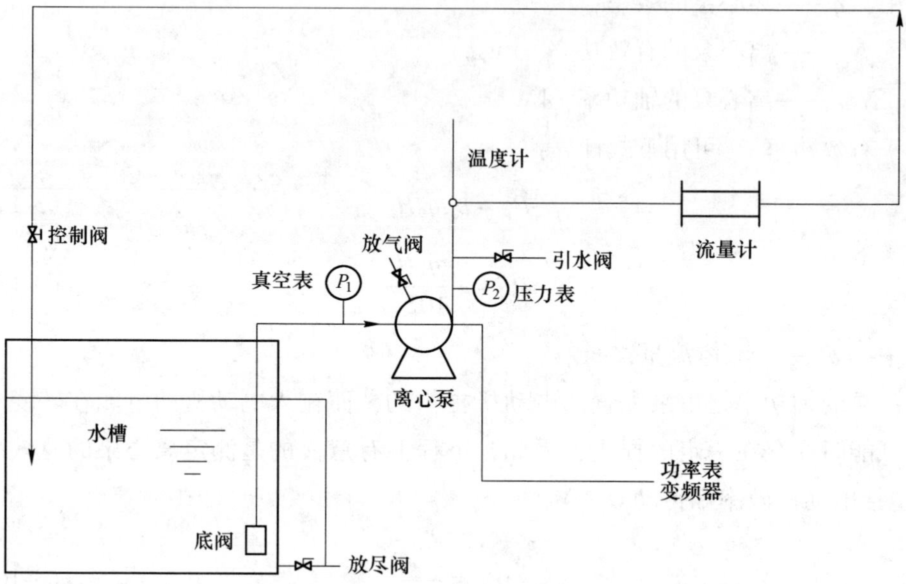

图 3-2 离心泵特性曲线测定实验装置流程

3.2.5 实验步骤

（1）了解设备，熟悉流程及所用仪表。

（2）打开引水阀引水灌泵，并打开泵体上的排气阀排除泵内的气体，确认泵已灌满，关闭引水阀和泵的排气阀。

（3）在启动泵前，先检查并关闭出口控制阀和显示仪表电源开关，以使泵在最低负荷条件下启动，避免启动脉冲电流过大损坏电动机和仪表。

（4）启动电动机，使泵运行。

（5）开启泵出口控制阀门，控制阀开至最大以确定实验范围，在最大的流量范围内合理的布置 8~10 组实验点。

（6）调节流量，待系统稳定后，读取并记录泵两端的压力 p_1 和 p_2，离心泵电动机功率 $P_{电}$、流量 q_v 等所需数据（包括流量为零时的各有关参数）。

（7）实验结束，先关闭控制阀，再关闭离心泵电源，最后关闭总电源。

3.2.6 实验数据处理和结果讨论

3.2.6.1 实验数据记录

实验数据记录格式见表 3-2。

表 3-2 离心泵特性曲线测定原始数据表

实验装置号：No.　　；进口管径 d_1：　　mm；出口管径 d_2：　　mm；水温 t：　　℃

序号	流量/L · h	压力表 P_1/MPa	真空表 P_2/MPa	电动机功率 $P_{电}$/kW
1				
2				
3				
⋮				

3.2.6.2 数据处理

（1）在离心泵转速一定的情况下，测定不同流量下离心泵进、出口的压力和电动机功率，即可计算出相应的扬程、功率和效率。在实验布点时，要考虑泵的效率随流量变化的趋势。

（2）在将数据处理结果标绘于坐标纸上。

3.2.6.3 实验结果分析和讨论

（1）对实验结果进行分析讨论，例如：离心泵的扬程、效率及泵的功率与流量之间有什么关系，分析之所以出现这种现象的原因，所得结果的工程意义等，从中得出若干结论。

（2）若泵的进、出口管路直径不同，泵的特性曲线是否会发生变化？

3.2.7 思考题

（1）离心泵在启动前为什么要引水灌泵？如果已经引水灌泵了，离心泵还是不能正常启动，你认为是什么原因？

（2）为什么离心泵在启动前要关闭出口阀和仪表电源开关？

（3）流量增加，入口真空表读数和出口压力表读数如何变化，为什么？

（4）能否在离心泵的进口管处安装调节阀，为什么？

安全小贴士：不要靠近电动机，防止衣角、头发等卷入。

3.3 对流给热系数测定实验

3.3.1 实验目的

(1) 了解影响给热系数的工程因素和强化传热操作的工程途径。

(2) 熟悉借助于热电偶测量壁面温度的方法。

(3) 掌握间壁式换热设备给热系数和总传热系数的实验测定方法，了解给热系数测定的工程意义。

3.3.2 实验内容

(1) 测定空气在垂直圆管内做强制湍流时的对流给热系数，并确定努塞尔准数 Nu、雷诺数 Re 和普朗特准数 Pr 之间的关系。

(2) 测定饱和水蒸气在垂直圆管外冷凝时的给热系数。

(3) 测定空气和水蒸气在套管换热器中的总传热系数。

3.3.3 实验基本原理

在工业生产中，大多情况下参与传热的两种流体是不允许混合的，因此常常采用间壁式换热装置来实现物料的加热或冷却。冷流体通过传热设备中的固体壁面与热流体进行热量交换。

传热设备的能力通常用传热速率方程表示：

$$Q = KA\Delta t_m \tag{3-17}$$

式中 K——传热系数，$W/m^2 \cdot ℃$；

Q——传热速率，W；

A——传热面积，m^2；

Δt_m——对数平均传热温差。

无论是设计换热器设备还是核算换热器的传热能力，都需要知道传热系数 K。传热系数的大小受冷、热流体的性质、流动状态、固体壁面的导热性能等诸多因素影响，不能直接采用严格的理论公式进行计算，必须借助实验实际测定。根据间壁传热过程的特点，由于冷热流体被间壁隔开，因此可以采用过程分解的方法，将整个传热过程分解为几个独立的子过程，分别单独进行研究，最后再将研究结果综合起来考虑。

如图 3-3 所示，如果忽略热辐射，对于间壁热量传递，其可以看成是由三个步骤串联而成：

（1）热流体以对流传热的方式把热量传递给间壁的一侧。

（2）热量通过固体壁面的热传导方式传递到另一侧。

（3）固体壁面以对流传热方式将热量传递给冷流体。

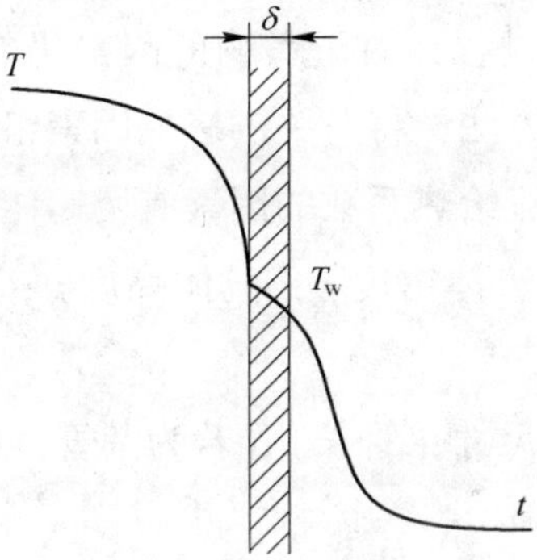

图 3-3 间壁传热过程

根据传热学基本原理，各个步骤的传热速率方程如下：

$$Q_h = \alpha_h A_h \Delta t_{mh} = \frac{\Delta t_{mh}}{1/\alpha_h A_h} \tag{3-18}$$

$$Q_w = \frac{\lambda}{\delta} A_w \Delta t_{mw} = \frac{\Delta t_{mw}}{\delta/\lambda A_w} \tag{3-19}$$

$$Q_c = \alpha_c A_c \Delta t_{mc} = \frac{\Delta t_{mc}}{1/\alpha_c A_c} \tag{3-20}$$

式中 Q——传热速率，W；

α——对流给热系数，$W/m^2 \cdot ℃$；

A——传热面积，m^2；

Δt_m——对数平均传热温差，℃；

λ——固体导热系数，$W/m^2 \cdot ℃$；

δ——固体壁面厚度，m；

式中下标，h 表示热流体；c 表示冷流体；w 表示壁面。

对于稳态传热过程，且忽略热损失，有：

$$Q = Q_h = Q_w = Q_c \tag{3-21}$$

由式（3-17）~式（3-20）可得：

$$\frac{1}{KA} = \frac{1}{\alpha_h A_h} + \frac{\delta}{\lambda A_w} + \frac{1}{\alpha_c A_c} \tag{3-22}$$

或

$$\frac{1}{K} = \frac{A}{\alpha_h A_h} + \frac{\delta A}{\lambda A_w} + \frac{A}{\alpha_c A_c} \tag{3-23}$$

对3个传热步骤分别进行研究，得到α_c、α_h后，即可计算出K。

对于冷热流体的传热过程，由于影响的因素仍然较多，为了减少实验工作量，可以采用量纲分析方法，将有关的影响因素组成若干无量纲数群。

经研究可知，影响对流给热系数的因素有：

（1）流体物理性质：流体密度ρ，流体黏度μ，流体比热容C_p，流体导热系数λ。

（2）圆管壁面的特征尺寸：管长l（若为圆管，则$l=d$）。

（3）操作因素：流速u。

（4）产生自然对流的升力：$\beta g\Delta T$。

因此

$$\alpha = f(l,\ \rho,\ \mu,\ C_p,\ \lambda,\ u,\ \beta g\Delta T) \tag{3-24}$$

根据因次分析方法，转化为无量纲方程有：

$$Nu = a_0\, Re^{a_1}\, Pr^{a_2}\, Gr^{a_3} \tag{3-25}$$

式中 Nu——努塞尔准数，$Nu = \frac{\alpha l}{\lambda}$，描述对流给热系数的大小；

Re——雷诺准数，$Re = \frac{l\rho u}{\mu}$，表征流体流动状态；

Pr——普朗特准数，$Pr = \frac{C_p\mu}{\lambda}$，表征流体物性的影响；

Gr——格拉斯霍夫准数，$Gr = \frac{\beta g\Delta T\, l^3\rho^2}{\mu^2}$，描述自然对流的影响；

$a_0 \sim a_3$——由实验确定的常数。

在强制湍流时，自然对流的影响可忽略，则

$$Nu = a_0\, Re^a\, Pr^b \tag{3-26}$$

式中，a 和 b 为由实验确定的常数。

当流体被加热时，$b = 0.4$；当流体被冷却时，$b = 0.3$。由此，可将式（3-26）表示为：

$$\frac{Nu}{Pr^b} = a_0 Re^a \tag{3-27}$$

上式两边取对数得：

$$\lg \frac{Nu}{Pr^b} = \lg a_0 + a \lg Re \tag{3-28}$$

由式（3-28）可知，$\lg \frac{Nu}{Pr^b}$ 与 $\lg Re$ 成正比关系，在双对数坐标中以 $\frac{Nu}{Pr^b}$ 对 Re 作图应为一直线，由直线的斜率和截距可分别求出 a_0 和 a，从而确定 Nu 与 Re 之间的关系，亦可根据最小二乘法拟合求得 a_0 和 a。

实验中，传热速率可根据冷流体的热量衡算式求得：

$$Q = q_v \rho C_p (t_2 - t_1) \tag{3-29}$$

式中，C_p 的定性温度可取冷流体进出口温度的算术均值。

要强调的是，在该实验中应用过程分解的方法，不单是为了方便对 K 的研究，更为重要的是通过对 α_c、α_h 的测定，可以知道传热的主要阻力，从而找出过程强化的有效途径。例如，由于固定壁面一般采用传热性能良好的金属，其导热系数 λ 较大，且壁厚 δ 较小，通常热传导的热阻力较对流传热热阻 $\frac{1}{\alpha_c}$ 和 $\frac{1}{\alpha_h}$ 要小得多，因此，式（3-23）可简化为：

$$\frac{1}{K} = \frac{1}{\alpha_c} + \frac{1}{\alpha_h} \tag{3-30}$$

若 $\alpha_c \gg \alpha_h$，K 值接近于 α_h，整个传热过程为热流体的传热步骤所控制；相反，若 $\alpha_c \ll \alpha_h$，则 K 值接近于 α_c，整个传热过程为冷流体对流传热步骤所控制。

3.3.4 实验装置和流程

实验主要设备由套管换热器、电加热器和固态继电器控制仪表、鼓风机、蒸气发生器组成。测量仪表有转子流量计、蒸气压力表、铜-康铜热电偶温度计、热电阻温度计。热流体选用饱和水蒸气，冷流体选用空气。空气走管内，水蒸气走管间。

实验装置的主体设备为垂直安装的长度为 1.5m 的套管换热器，内管（传热元件）是一根带内插件的直径为 16mm、壁厚为 1.5mm、有效长度为 1.3m 的紫铜管。在紫铜管的两端外壁面各埋设两对铜-康铜热电偶，并接至数字显示仪表，用于测定壁温。

实验装置流程如图 3-4 所示。来自鼓风机的空气经转子流量计计量，然后从换热器底部进入内管中，与套管间的水蒸气换热，最后从换热器顶部出口的排风管排至室外。空气的流量通过旁路调节阀控制或变频调节。

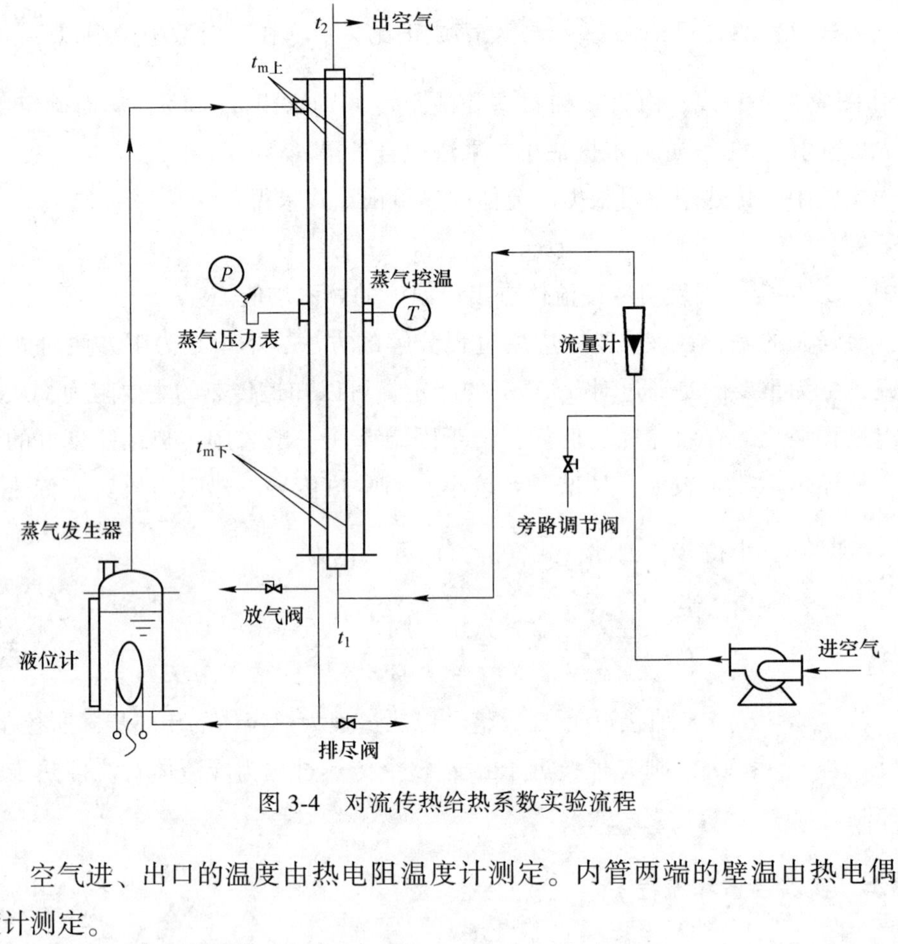

图 3-4　对流传热给热系数实验流程

空气进、出口的温度由热电阻温度计测定。内管两端的壁温由热电偶温度计测定。

来自蒸气发生器的水蒸气从换热器上部进入管间与内管的空气进行换热，冷凝水从换热器底部返回蒸气发生器。

3.3.5 测定方法

参数 t_1、t_2 用热电阻温度计测定，并由数字仪表显示；T 用热电阻温度计测定，并由数字仪表显示；P 用蒸气压力表测定；$t_{m上}$和 $t_{m下}$用铜-康铜热电偶测定，由数字仪表显示。

空气流量 q_v 用转子流量计测定。

3.3.6 实验步骤

(1) 检查蒸汽发生器中去离子水的液位，应保证水液位在液位管 2/3 高度以上段，防止加热时烧坏电加热棒。

(2) 启动鼓风机，打开空气流量计（或调节旁路阀），先使空气流量暂定在 $25m^3/h$；启动加热电源开关，打开套管底端法兰下的排气阀，等待蒸气进入套管环隙，当下壁温达到 75℃以上时关闭排气阀，此时已排尽不凝性气体。水蒸气的温度由固态继电器控制在 105℃。

(3) 在空气流量 $4\sim25m^3/h$ 的变化范围内确定 6~8 个实验点，待空气出口温度稳定 5min 以上不变时，方可记录一组实验数据。

(4) 实验结束时，先关闭加热电源，保持冷空气继续流动 10min，以足够冷却套管换热器及壁温。

(5) 关闭鼓风机，离开实验室。

3.3.7 实验数据处理和实验结果讨论

3.3.7.1 实验数据记录

实验数据记录格式见表 3-3。

表 3-3 给热系数测定实验原始数据记录表

实验装置号：No. ；管径 d： mm；壁厚 δ： mm；管长 l： m；蒸气压力 P： MPa

序号	蒸气压力 P/MPa	蒸气温度 T/℃	空气流量 $q_v/m^3\cdot h^{-1}$	空气进口 t_1/℃	空气出口 t_2/℃	上壁温 $t_{m上}$/℃	下壁温 $t_{m下}$/℃
1							
2							
⋮							

3.3.7.2 数据处理

只要测得不同空气流量下冷热流体的进出口温度和换热器两端的壁温，由式（3-17）、式（3-18）、式（3-20）、式（3-28）、式（3-29），即可计算出相应的 α_c、α_h，并通过数据整理，求出 Nu 与 Re 之间的关系。

由于传热间壁厚度较薄，且热电偶埋入内管壁内，因此固体壁面两侧的温差可忽略。于是，冷热流体的对流传热温差可按下式计算：

$$\Delta t_{mh} = \frac{(T - t_{m上}) - (T - t_{m下})}{\ln \dfrac{T - t_{m上}}{T - t_{m下}}}$$

$$\Delta t_{mc} = \frac{(t_{m上} - t_2) - (t_{m下} - t_1)}{\ln \dfrac{t_{m上} - t_2}{t_{m下} - t_1}}$$

3.3.7.3 实验结果分析和讨论

（1）在双对数坐标纸求出 Nu 和 Re 之间的关系，并拟合其关联式。

（2）分析冷流体流量的变化对 α_c、α_h 和 K 的影响。

（3）通过 α_c 和 α_h 的比较，指出传热控制步骤，提出强化传热的措施。

（4）根据式（3-23）计算 K，并与实验直接测得的 K 比较两者差异，试分析原因。

3.3.8 思考题

（1）实验中如果冷空气与蒸气的走向发生改变，将对传热效果产生怎样的影响？

（2）在蒸气冷凝时，若存在不凝性气体，你认为会发生怎样的变化？

（3）本实验中测定的壁面温度接近于哪一侧的温度，为什么？

（4）在实验中你是怎样判断系统达到稳定状态的？

（5）工业生产中列管式换热器一般是卧式的，为什么？

安全小贴士：蒸气发生器温度高，当心烫伤。

3.4 精馏实验

3.4.1 实验目的

（1）熟悉精馏的工艺流程，掌握精馏实验的操作方法。

（2）了解板式塔的结构，分析精馏过程，观察塔板上气液接触状况。

3.4.2 实验内容

（1）测定全回流时的全塔效率及单板效率。

（2）采用乙醇-水物系在部分回流条件下进行连续精馏操作，在规定时间内完成500mL乙醇产品的生产任务，并要求塔顶产品中的乙醇体积分数大于93%，同时塔釜出料中乙醇体积分数小于3%。

3.4.3 实验基本原理

3.4.3.1 精馏操作理论

在板式精馏塔中，混合溶液在塔釜内被加热汽化，蒸气沿塔逐板上升，当有冷凝液回流时，气液两相在塔板上实现多次接触，进行传热与传质，气相部分冷凝，液相部分汽化，由于组成间相对挥发度的不同，因此混合液中轻重组分达到一定程度的分离。

塔顶的回流量与采出量之比，称为回流比。回流是精馏操作得以实现的基础。回流比是精馏操作的重要参数之一，它的大小影响精馏操作的分离效果和能耗。

回流比有两种极限情况：最小回流比和全回流。若塔在最小回流比下操作，要完成分离任务，则需要无穷多块塔板的精馏塔。在工业实际中最小回流比只是操作限度。在全回流下操作时，无任何物料的进出，塔顶的冷凝液全部返回塔中，这种操作在生产中无实际意义。全回流操作往往在工业装置的开停车时采用。一般实际回流比是最小回流比的1.2~2.0倍。在塔板数一定的情况下，只有保持足够的回流比或回流量，才能保证精馏分离的效果。回流比的大小可根据理论计算或直接通过实验测定加以确定。

板效率也是体现塔板性能及操作状况的主要参数，它有以下两种定义方法：

（1）总板效率 E。

$$E = \frac{N - 1}{N_e} \tag{3-31}$$

式中 E——总板效率；

N——理论板数（包括塔釜）；

N_e——实际板数。

（2）单板效率 E_{ml}。

$$E_{ml} = \frac{x_{n-1} - x_n}{x_{n-1} - x_n^*} \tag{3-32}$$

式中 E_{ml}——以液相浓度表示的单板效率；

x_{n-1}，x_n——第 n 块板和第 n-1 块板液相浓度；

x_n^*——与第 n 块板气相浓度相平衡的液相浓度。

总板效率与单板效率的数值通常均由实验测定。物系性质、板型及操作负荷是影响单板效率的重要因数。物系与板型确定后，可以通过改变气液负荷来达到最高的板效率；对于不同的板型，可以在保持相同的物系及操作条件下，测定其单板效率，以评价其性能的优劣。总板效率反映的全塔各塔板的平均分离效果，常用于板式塔设计中。

精馏塔操作的目的指标包括质量指标和产量指标。质量指标是指塔顶产品和塔底产品都要达到一定的分离要求。产量指标是指在规定的时间内要获得一定数量的合格产品。

操作过程中调节的目的是要根据精馏过程原理，采用相应的控制手段，调整某些工艺操作参数，保证生产过程能稳定连续地进行，并能满足过程的质量指标和产量指标。

进料条件和工艺分离要求确定后，要严格维持塔内的总物料平衡和组分物料平衡，即要满足

$$F = D + W \tag{3-33}$$

$$Fx_F = Dx_D + Wx_W \tag{3-34}$$

式中 F——原料液流量，kmol/h；

D——塔顶产品流量，kmol/h；

W——塔底产品流量，kmol/h；

x_F——原料液组成，摩尔分数,%；

x_D——塔顶产品组成，摩尔分数,%；

x_W——塔底产品组成，摩尔分数,%。

当总物料不平衡时，若进料量大于出料量，会引起淹塔；相反，若出料量大于进料量，则会导致塔釜干料，最终都将破坏精馏塔的正常操作。

由上两式得到：

$$\frac{D}{F} = \frac{x_F - x_W}{x_D - x_W} \tag{3-35}$$

$$\frac{W}{F} = \frac{x_D - x_F}{x_D - x_W} \tag{3-36}$$

式中，$\frac{D}{F}$、$\frac{W}{F}$分别称为塔顶、塔底的采出率。

显然，在进料量 F、进料组成 x_F 以及产品分离要求 x_D、x_W 一定的情况下，塔顶和塔底的采出率要受到物料衡算的制约。即在进料条件一定时，采出率的变化将直接影响塔顶和塔底产品的组成。如果采出率控制不恰当，即使再增大回流比或增加塔板数，也不能保证同时获得合格的塔顶产品和塔底产品。

当操作压力一定时，塔顶、塔底产品组成和塔内各板上的气液相组成与板上温度存在一定的对应关系。操作过程中塔顶、塔底产品的组成变化情况可通过相应的温度反映出来。当因操作不当或分离能力不够导致塔板上组成发生变化时，有些板上的温度发生明显改变。因此，工程上把这些塔板称为温度灵敏板，在操作过程中，通过灵敏板温度的早期变化，可以预测塔顶和塔底产品组成的变化趋势，从而可以及早采取有效的调节措施，纠正不正常的操作，保证产品质量。

3.4.3.2 产品质量不合格时的调节方法

操作条件的变化或外界的扰动，会引起精馏塔操作的不稳定。在操作过程中必须及时予以调节，否则将影响分离效果，使产品质量不合格。当操作压力一定时，塔内各板的气相、液相组成与温度存在着对应关系。在实际操作中可以通过观察温度的变化判断塔内操作状况，及时地进行调节。

A 精馏过程的物料不平衡

塔顶产品采出比例不当，塔顶采出量过大时，塔内轻组分将大量从塔顶流出，塔内各板上的轻组分浓度逐步降低。精馏过程表现为：塔釜温度基本稳定而塔顶温度逐步升高，塔顶产品质量不合格。采用的调节方法是：保持塔釜加热负荷不变，增大进料量和塔釜出料量，减少塔顶采出量，使精馏塔在 $Dx_D < Fx_F - Wx_W$ 的条件下操作一段时间，以补充塔内的轻组分量，待塔顶温度逐步下降至规定值时，再将进料量和塔顶、塔底出料量调节至正常操作数值。

塔釜产品采出比例不当，使得重组分大量从塔釜流出，塔内各板上的重分组分浓度逐渐减小。精馏过程表现为：塔顶温度变化不大而塔釜温度逐步下降，塔釜产品质量不合格。可采用的调节方法是：回流量不变时，增大塔釜加热负荷，同时加大塔顶采出量（回流量不变），使过程在 $Dx_D > Fx_F - Wx_W$ 的条件下操作。同时，根据具体的情况适当减少进料量和塔釜采出量。待釜温升至正常值时，再调节各有关参数。

B 进料条件发生变化

操作过程中精馏塔的进料量、进料组成、进料温度等发生变化，将影响精馏塔的稳定操作。

精馏过程中进料量的变化如果仅仅是由于外界条件的波动引起的，适当调节进料控制阀即可恢复正常操作；如果是由于生产需要而改变进料量，就要相应地改变塔顶、塔底的采出量，并调整塔釜加热负荷（和塔顶冷凝负荷）。

如果由于操作上的疏忽，进料量发生变化，而操作条件未做相应的调整，使得过程在全塔物料不平衡的情况下操作，其结果必然使塔顶或塔底产品质量不合格。此时应根据塔顶或塔底温度的变化，参照上面 A 的分析和处理方法，及时调节有关参数，使操作处于正常。

当进料中轻组分增加时，塔中各板上浓度和温度的变化与塔底采出率 W/F 过大的情况相似。当进料中重组分增加时，塔内温度和浓度的变化情况则同塔顶采出率 D/F 过大的情况相似。这时，除了要相应调整塔底或塔顶的采出率外，还要适当减小或增大回流比，并视具体情况，调整进料的位置，合理地分配精馏段与提馏段的塔板数。

进料温度的变化对精馏分离效果也有一定的影响，可通过调节塔釜加热负荷和塔顶冷凝负荷使得操作正常。

C 分离能力不够

分离能力不够是指在操作过程中回流比过小而导致产品质量不合格。其表现为塔顶温度升高，塔釜温度降低，塔顶和塔底产品质量均不符合要求。

采取的措施通常是通过加大回流比来调节。但应注意，在进料量和进料组成一定时，若规定了塔顶、塔底产品的组成，则塔顶和塔底产品的流量亦被确定。因此，增大回流比并不意味着塔顶产品流量的减少，加大回流比的措施只能是增加塔内的上升蒸气量，即增大塔釜的加热负荷及塔顶的冷凝量，这是要以操作成本的增加为代价。

此外，随着回流比的增大，若塔内上升蒸气量超过塔内气体的正常负荷，容易发生严重的液沫夹带或其他不正常的现象。因此，操作中不能盲目增加回流比。

3.4.4 实验装置和流程

本实验的流程如图 3-5 所示，精馏塔为筛板塔，全塔共有 15 块塔板，塔径 ϕ150mm；塔顶冷凝器为列管冷凝器；再沸器以两个各 3kW 的电加热器加热，一个为固定加热，另一个通过自耦变压器在 0~3kW 内调节。其他装置还有原料罐、产品罐、废水罐、原料泵、回流泵、转子流量计、乙醇密度计等。

本实验所选用的体系为乙醇–水，可用气相色谱或酒精仪进行物料浓度的分析。

3.4.5 实验步骤

（1）熟悉精馏过程的流程，厘清各仪表所对应的设备与测控点。

（2）检查塔釜流出管路的出口阀门，应处于关闭状态；塔顶馏出液管路阀门应处于关闭状态。检查原料罐原料是否充足，塔釜再沸器的初始液位是否过低。

（3）在原料贮罐中配置乙醇含量 20%~25%（摩尔分数）的乙醇-水料液。

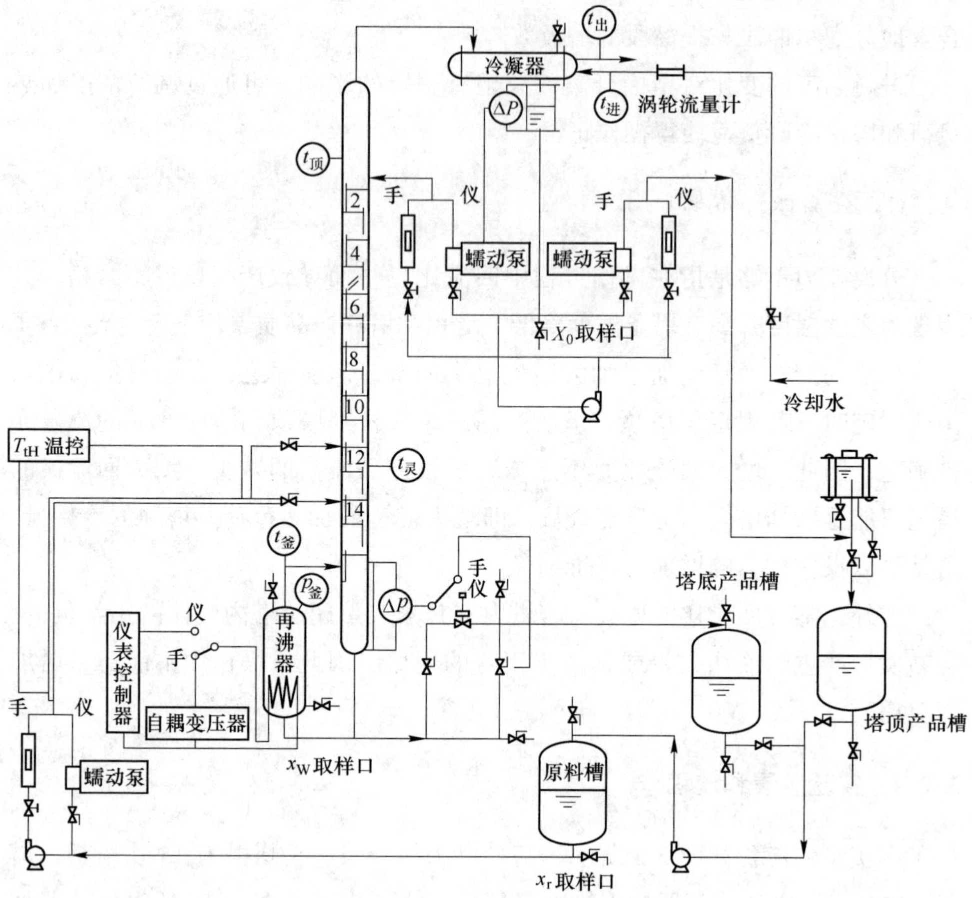

图 3-5 精馏实验带控制点工艺流程

（4）打开冷凝水总阀门；打开装置塔顶水冷凝器阀门，并调至适当开度。

（5）打开塔釜再沸器加热器开关（开始时恒定加热器开通，可调加热器适当开度）。

（6）待塔釜液沸腾，塔顶回流罐积存一定液层后，启动回流泵，并调节回流流量计使回流罐液层高度保持恒定。

（7）观察塔釜、塔身、塔顶温度及塔板上的气液接触状况（观察视镜），适当调节塔釜加热功率，使塔板上气、液两相保持正常流体力学状态。

（8）在一定回流量下，全回流一段时间，待该塔操作参数稳定后，可在塔顶、塔釜取样，用气相色谱分析或精密密度计分析塔顶回流液样品组成，用密度计分析塔釜液体样品组成。测取数据（重复2次或3次）。

(9) 待全回流操作稳定后。开启进料泵，设定进料量（建议流量范围在5～8L/h）。

(10) 打开塔釜出料阀门至适当开度，使废水由塔底流出至废水罐；用塔顶馏出液流量计调节塔顶产品流量，产品送至产品罐。

(11) 密切注意观察灵敏板温度、塔釜液位、塔底压力以及塔板上气、液两相流动接触的变化情况，根据实验现象分析原因并采取正确的操作措施，通过调节再沸器加热功率、回流比、塔顶和塔底的采出率（流量）来保证精馏塔在连续、稳定的状态下正常操作运行。

(12) 收集塔顶馏出产品达300～500mL，对塔顶产品和塔底废水取样分析。

(13) 实验完毕后，停止加料，关闭塔釜加热，待一段时间后（视镜内无料液时），切断塔顶冷凝器及釜液冷却器的供水，关闭电源。

3.4.6 实验数据处理和实验结果讨论

3.4.6.1 实验数据记录

实验记录格式见表3-4。

表3-4 全回流测量塔效率数据表

实验装置号：No.　　；原料组成 x_F =

序号	乙醇摩尔分数/%		塔顶温度/℃	塔釜温度/℃	全塔效率
	x_D	x_W			
1					
2					
⋮					

3.4.6.2 数据处理

(1) 在全回流操作条件下测得 x_D 和 x_W，利用乙醇和水的二元相平衡数据，在 $y-x$ 图上求得全塔理论板数 N_T，根据式（3-31）得出全塔效率。乙醇和水二元物系在常压条件下的相平衡数据列于表3-5中。

（2）在部分回流连续精馏操作时，根据进料组成 x_F 和分离要求（ $x_D \geqslant 93\%$, $x_W \leqslant 3\%$ ），初估操作回流比 R 的大小，根据进料流量（5~8L/h）估算 D 和 W。

表 3-5 乙醇-水二元物系的气液平衡数据（101.3kPa）

乙醇摩尔分数		温度/℃	乙醇摩尔分数		温度/℃
液相	气相		液相	气相	
0	0	100	0.3273	0.5826	81.5
0.019	0.1700	95.5	0.3965	0.6122	80.7
0.0721	0.3891	89.0	0.5079	0.6564	79.8
0.0966	0.4375	86.7	0.5198	0.6599	79.7
0.1238	0.4704	85.3	0.5732	0.6841	79.3
0.1661	0.5089	84.1	0.6763	0.7385	78.74
0.2337	0.5445	82.7	0.7472	0.7815	78.41
0.2608	0.5580	82.3	0.8943	0.8943	78.15

3.4.6.3 实验结果分析和讨论

（1）什么是全回流，全回流操作有哪些特点，在生产中有什么实际意义？

（2）如何判断塔的操作已达到稳定？

（3）当回流比 $R<R_{min}$ 时，精馏塔是否还能进行操作，如何确定精馏塔的操作回流比？

（4）冷料进料对精馏塔操作有什么影响，进料口位置如何确定？

（5）在实验报告中，要着重于实验过程操作现象的分析，详细讨论塔釜压力、塔顶温度、塔釜温度、灵敏板温度等操作参数的变化所反映的过程本质以及所采取的切实有效的调节控制措施。

3.4.7 思考题

（1）实验过程中进料状态为冷进料，当进料量过大时会导致什么后果，如何调节？

（2）改变进料位置对精馏塔分离有何影响？

（3）如何根据灵敏板温度和塔釜压力的变化正确进行精馏操作？

（4）板式塔气液两相流的流动特点是什么？

3.5 填料塔流体力学性能和传质系数测定实验

3.5.1 实验目的

（1）了解不同类型的填料和填料吸收塔的基本结构，以及工业吸收过程流程。

（2）掌握总传质系数 $K_x a$ 的测定方法。

（3）掌握填料塔流体力学性能。

3.5.2 实验内容

（1）分别改变吸收剂的流量和气体的流量，测定填料塔的流体力学性能，观察实验现象。

（2）测定液体的进、出口浓度，计算回收率 η、传质推动力 Δx_m 和传质系数 $K_x a$。

3.5.3 实验基本原理

吸收是依据气相中各溶质组分在液相中的溶解度不同而分离气体混合物的单元操作。解吸又称脱吸，是吸收的逆过程，是气相向液相转移的过程，解吸的传质推动力与吸收传质推动力相反。解吸主要用于获取较纯的气体溶质，使溶剂再生，解吸溶液中的某种组分。吸收与解吸操作广泛地用于在化学工业和环境保护中的气体原料净化、组分的回收、产品制取和废气治理等方面。

传质速率可以用下式表示：

$$N = K_x A \cdot \Delta x_m \tag{3-37}$$

或

$$N = K_x \cdot a \cdot V_p \cdot \Delta x_m \tag{3-38}$$

式中 N——传质速率，mol/h；

K_x——液相吸收传质系数，mol/(m^2·h)；

A——气液接触传质面积，m^2；

Δx_m ——塔顶、塔底液相平均传质推动力；

a ——填料的比表面积，m^2/m^3；

V_p ——填料体积，m^3。

由于 a 的大小与物系对填料表面的润湿性和气液流动状况有关，工程上为方便起见，将 K_x 和 a 合并为一个常数，K_xa 称为液相容积传质系数，单位为 $mol/(m^3 \cdot h)$。

因此，传质速率式又可表示为：

$$N = K_x a \cdot V_p \cdot \Delta x_m \tag{3-39}$$

由逆流传质过程物料衡算：

$$L(x - x_{稀}) = G(y - y_{稀}) \tag{3-40}$$

可得

$$y = \frac{L}{G}(x - x_{稀}) + y_{稀} \tag{3-41}$$

式中 L，G ——气液相流量，$mol/(m^2 \cdot h)$；

x，y ——气液相溶质组分的摩尔分率；

$x_{稀}$，$y_{稀}$——稀端液、气相溶质组分的浓度。

式（3-41）即为吸收过程的操作线方程式。

由图 3-6 可看出，吸收操作时，平衡线在操作线之下，吸收过程的推动力，即为吸收操作线与相平衡线之间的浓度差。解吸时，平衡线位于操作线的上方。

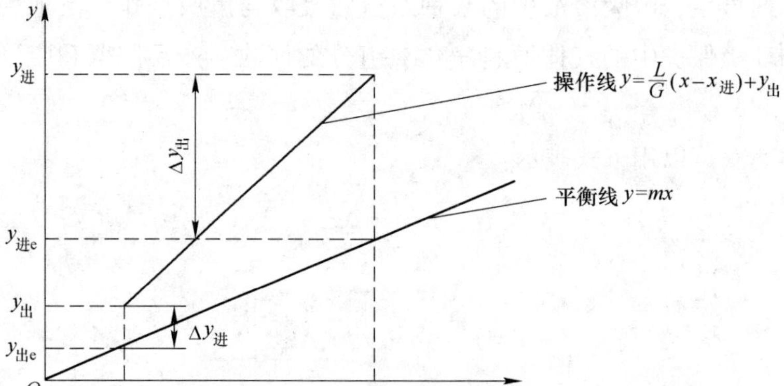

图 3-6 操作线、平衡线及推动力

对于低浓度传质过程，气液相平衡关系近似为直线，即

$$y = mx$$

式中　m ——相平衡常数。

逆流操作时液相平均传质推动力可表示为：

$$\Delta x_{\mathrm{m}} = \frac{\Delta x_{浓} - \Delta x_{稀}}{\ln \dfrac{\Delta x_{浓}}{\Delta x_{稀}}} \tag{3-42}$$

$$\Delta x_{浓} = x_{浓} - x_{浓\mathrm{e}} \tag{3-43}$$

$$\Delta x_{稀} = x_{稀} - x_{稀\mathrm{e}} \tag{3-44}$$

式中　$\Delta x_{进}$，$\Delta x_{出}$ ——塔底和塔顶位置的液相传质推动力；

$x_{浓}$ ——浓端液相溶质组分的浓度；

$x_{稀\mathrm{e}}$ ——与稀端气相相平衡的液相浓度；

$x_{浓\mathrm{e}}$ ——与浓端气相相平衡的液相浓度。

传质系数 $K_x a$ 由式（3-39）可得：

$$K_x a = \frac{N_{\mathrm{A}}}{V_{\mathrm{p}} \cdot \Delta x_{\mathrm{m}}} \tag{3-45}$$

式中，N_{A} 为可溶性组分 A 的传质速率。

$K_x a$ 是吸收过程设计的重要工艺参数。由于影响 $K_x a$ 的因素很多，通过实验测定 $K_x a$，就是要找出 $K_x a$ 与诸影响因素之间的关系。

根据相际传质理论，吸收传质过程可分解为以下三个步骤：

（1）溶质由气相主体传递至气液两相界面。

（2）溶质在相界面上的溶解，由气相转入液相。

（3）溶质自相界面传递至液相主体。

界面溶解过程极易进行，传质阻力极小，可认为相界面处气液两相达到平衡，因此，过程的传质速率实际上由气、液两相的传质速率所决定。

根据双膜理论，相互接触的气液两相之间存在一层滞止的气膜和液膜，传质阻力全部集中于该两层膜中，膜中以定态的分子扩散传质，因此，总传质系数 $K_x a$ 可表示为：

$$\frac{1}{K_x a} = \frac{1}{k_x a} + \frac{1}{m k_y a} \tag{3-46}$$

式中 $k_y a$ ——气膜吸收传质系数，$mol/(m^3 \cdot h)$；

$k_x a$ ——液膜吸收传质系数，$mol/(m^3 \cdot h)$。

一般情况下，$k_y a$ 和 $k_x a$ 仅分别受气相流量 G 和液相流量 L 的影响，即

$$k_y a = AG^a \tag{3-47}$$

$$k_x a = BL^b \tag{3-48}$$

显然，$K_x a$ 与气体流量 G、液体流量 L 都密切有关，其关系可由下式表示：

$$K_x a = CG^{c_1}L^{c_2} \tag{3-49}$$

式中，A、B、C、a、b、c_1、c_2 为由实验确定的常数。

通过一定温度下不同的液相流量测定 $x_{浓}$ 和 $x_{稀}$，即可由式（3-45）计算出 $K_x a$。

传质速率 N_A 可通过全塔的物料衡算求得：

$$N_A = G(y_{浓} - y_{稀}) \tag{3-50}$$

或

$$N_A = L(x_{浓} - x_{稀}) \tag{3-51}$$

传质操作的质量评价指标可用回收率 η 来表示。低浓度传质时，回收率可近似用下式计算：

$$\eta = \frac{x_{浓} - x_{稀}}{x_{浓}} \times 100\%$$

传质通常在塔设备内进行，本实验使用的是填料塔。填料塔一般由圆筒壳体、填料、支撑板、压板、液体分布器、液体再分布器、捕沫装置、进出口接管等构成。塔内放置的填料作用是使从塔顶流下的流体沿填料表面形成液膜，为气液接触传质提供良好条件。液体分布器的作用是使得液体在塔内有一良好的均匀分布。液体再分布器的作用是将上段填料流下的液体收集后再重新分布。

填料是填料吸收塔最重要的部分。对于工业填料，其可以分为散堆填料和规整填料两大类。其中，散堆填料是具有一定几何形状和尺寸的填料颗粒，以散装（乱堆）的方式堆积在塔内。常见的散堆填料有拉西环、鲍尔环、阶梯环、弧鞍环、矩鞍环等。规整填料由许多具有相同几何形状的填料单元体组成，以整砌的方式装填在塔内。常见的规整填料有丝网波纹填料、孔板波

纹填料等。填料性能的主要评价指标是填料的比表面积和空隙率。一般总希望填料能提供大的气液接触面积和较小的流动压降。填料的材质可以是金属、塑料、陶瓷等。

图 3-7 所示为填料塔的典型流体力学性能图。气体通过干填料层时，流体流动引起的压降和湍流流动引起的压降规律相一致。在双对数坐标系中，此压降对气速作图可得一斜率为 1.8~2 的直线（图中 *aa* 线）。当有喷淋量时，在低气速下压降也正比于气速的 1.8~2 次幂，但大于同一气速下干填料的压降（图中 *bc* 段）。随气速的增加，出现载点（图中 *c* 点），持液量开始增大，压降-气速线向上弯，斜率变陡（图中 *cd* 段）。到液泛点（图中 *d* 点）后，在几乎不变的气速下，压降急剧上升。

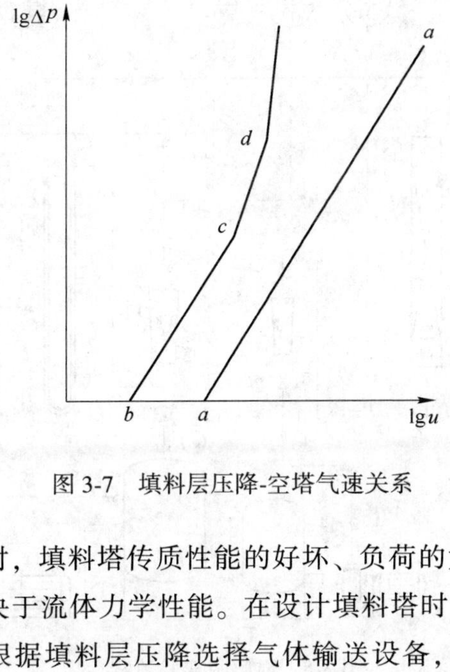

图 3-7 填料层压降-空塔气速关系

在填料塔操作时，填料塔传质性能的好坏、负荷的大小及操作的稳定性等在很大程度上取决于流体力学性能。在设计填料塔时，通常根据持液量来设计填料支撑板；根据填料层压降选择气体输送设备，确定其类型和功率；根据液泛气速的大小确定适宜的操作气速，从而设计填料塔的塔径。由此可见，填料塔的流体力学性能对填料塔的设计和操作都是至关重要的。

3.5.4 实验装置和流程

实验装置是直径为 100mm、填料层高度为 750mm 的填料塔，填料采用陶瓷拉西环、金属 θ 环，填料的性能见表 3-6。此外，实验装置还有空气压缩机、气体转子流量计计量、液体转子流量计计量、溶氧仪。

表 3-6 填料塔中填料的性能参数

填料	尺寸/mm×mm×mm	$a_t/m^2 \cdot m^{-3}$	$\varepsilon/m^3 \cdot m^{-3}$	$a_t/\varepsilon^3/m^2 \cdot m^{-3}$
瓷拉西环	ϕ12×12×2	391	0.655	1390
金属θ环	ϕ10×10×0.3	469	0.965	521

实验流程如图 3-8 所示。空气由空气压缩机提供，氧气经过氧气瓶减压后进入缓冲罐，压力控制在 0.05MPa 左右，经流量计、缓冲罐，在吸收柱内与水并流且溶入其中，然后在解吸塔内完成解吸操作。

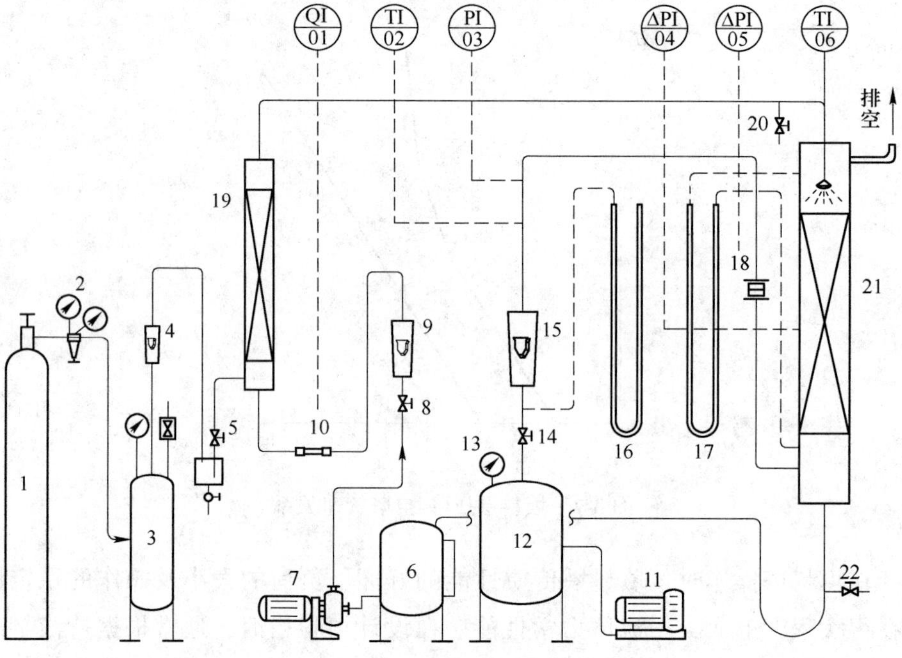

图 3-8 氧解吸实验流程

1—氧气钢瓶；2—氧气减压阀；3—氧气缓冲罐；4—氧气转子流量计（带流量调节阀）；5—防水倒灌阀；6—循环水罐；7—水泵；8—水流量调节阀；9—液体转子流量计；10—涡轮流量计；11—风机；12—空气缓冲罐；13—空气温度表；14—空气流量调节阀；15—空气转子流量计；16—空气压力压差计；17—全塔压降压差计；18—孔板流量计；19—吸收塔；20—富氧水取样阀；21—解吸塔；22—贫氧水取样阀；QI01—水流量，L/h；TI02—空气温度，℃；PI03—空气压力，kPa；ΔPI04—全塔压降，kPa；ΔPI05—孔板压降，kPa；TI06—水温度，℃

3.5.5 实验步骤

3.5.5.1 填料塔流体力学性能测定

（1）启动空气压缩机，通过旁路阀调节压缩机出口压力为 0.1~0.2MPa。

（2）改变气体流量，测定干板时不同流速下的填料塔压降。

（3）进行预液泛，使填料表面充分润湿。

（4）改变液体流量，测定不同喷淋密度时的填料塔压降。

3.5.5.2 传质系数测定

（1）氧气减压后进入缓冲罐，罐内压力保持 0.03~0.04MPa。

（2）为防止水倒灌进入氧气转子流量计中，开水前要关闭防倒灌阀，或先通入氧气后通水。

（3）氧气入塔流量为 0.01~0.02m^3/h，适当调节氧气流量，控制吸收后的 $x_{浓} \leqslant 4\times10^{-7}$。在水喷淋密度取 10~15$m^3/(m^2 \cdot h)$、空塔气速 0.5~0.8m/s 范围适当安排实验点。

（4）实验完毕，先关氧气钢瓶总阀，关闭氧气阀门，再关闭减压阀 2 及调节阀 8。

（5）关闭总水阀及各管路阀门，关闭总电源。

3.5.6 实验数据处理和实验结果讨论

根据实验原理，欲求取传质吸收系数和回收率，需测数据有液体的进口浓度 $x_{浓}$、出口浓度 $x_{稀}$、气相流量 G 和液相流量 L。

3.5.6.1 实验记录

实验原始数据记录格式见表 3-7~表 3-9。

3.5.6.2 数据处理

（1）根据实验数据画出不同喷淋密度下的 Δp-u 填料塔流体力学性能图。

（2）列出总传质系数与气体流量、液体流量之间的关系表达式。本实验中进口气体中不含氧，即 $y_{稀}=0$，同时出口气体中氧含量也很小，可以忽略，

则有 $\Delta x_{浓} \approx x_{浓}$，$\Delta x_{稀} \approx x_{稀}$。

表 3-7 干 填 料

实验装置：No. ；填料塔直径： mm；填料高度： mm；填料型号：

环境温度： ℃；大气压力： MPa

序号	空气流量 $V_1/m^3 \cdot h^{-1}$	全塔压降 $\Delta p/kPa$	空塔气速 $u/m \cdot s^{-1}$	单位填料高压降 $/kPa \cdot m^{-1}$
1				
2				
3				
⋮				

表 3-8 湿 填 料

实验装置：No. ；填料塔直径： mm；填料高度： mm；填料型号：

环境温度： ℃；大气压力： MPa

序号	空气流量 $V_1/m^3 \cdot h^{-1}$	全塔压降 $\Delta p/kPa$	空塔气速 $u/m \cdot s^{-1}$	单位填料高压降 $/kPa \cdot m^{-1}$
1				
2				
3				
⋮				

表 3-9 解吸传质实验

实验装置：No. ；填料塔直径： mm；填料高度： mm；填料型号：

环境温度： ℃；大气压力： MPa

序号	液体流量 $L/L \cdot h^{-1}$	气体流量 $G/L \cdot h^{-1}$	进口浓度 $x_{浓}$	出口浓度 $x_{稀}$
1				
2				
⋮				

3.5.6.3 实验结果分析讨论

（1）分析并讨论 L、G 的变化对 $x_{稀}$ 和 η 的影响。

（2）讨论 L、G 的改变引起传质系数、传质平均推动力的变化。

（3）从实验结果，分析 $k_x a$ 的变化，确定本吸收过程的控制环节。

（4）分析误差，找出误差的原因。

3.5.7 思考题

（1）填料塔在不同喷淋密度下操作线有何变化和特点？

（2）如何根据填料塔气液流体流动特性确定塔径大小？

（3）如将系统改为解吸水中氨组分，试提出实验方案。

安全小贴士：具体安全措施查阅 MSDS。

4 化工原理设计实验

4.1 自由沉淀实验

4.1.1 实验目的

（1）研究和探讨非絮凝性颗粒的沉降机理、特点与规律。

（2）了解自由沉淀实验的原理和基本实验方法。

4.1.2 实验内容

（1）通过实验获得沉降曲线，即悬浮颗粒的去除率（E）-沉淀时间（t）。

（2）根据去除率 E-沉降速度（u）关系曲线，获得沉淀池的设计参数。

4.1.3 实验基本原理

在重力场的作用下，颗粒相对于流体运动而实现分离的过程称为颗粒沉降或沉降分离。

颗粒与流体在力场中做相对运动时受到 3 个力的作用。

（1）质量力 F_g。质量力在重力场中称为重力，在离心力场中称为离心力，其大小可表示为：

$$F_g = ma \tag{4-1}$$

式中 m——颗粒质量，kg；

a——力场加速度，m/s^2。

（2）浮力 F_b。根据阿基米德原理，浮力在数值上等于同体积流体在力场中所受的力，即

$$F_b = V_p \rho a \tag{4-2}$$

式中　ρ——流体的密度，kg/m^3。

（3）曳力 F_d。流体作用于颗粒上的力称为曳力或阻力，它与颗粒对流体的阻力大小相等、方向相反。

$$F_d = \xi A \frac{\rho u^2}{2} \tag{4-3}$$

式中　ξ——阻力系数，量纲为1；

A——颗粒在相对运动方向上的投影面积（对于球形颗粒 $A=\pi d^2/4$），m^2。

u——颗粒沉降速度，m/s。

如果颗粒的初始速度为零，则曳力也为零。对于一定的颗粒和流体，重力 F_g、浮力 F_b 一定，但曳力 F_d 却随着颗粒运动速度而变化。如颗粒开始沉降的瞬间，速度 $u=0$，因此，曳力 F_d 也为零，这时加速度具有最大值。颗粒开始沉降后，曳力随着颗粒运动速度 u 的增加而增加，直至加速度为零，u 等于某一数值后达到匀速运动，这时颗粒所受的诸力之和为零。

分散相颗粒在重力作用下与周围连续相流体发生相对运动而实现分离的过程称为重力沉降。其本质是借分散相与连续相较大的密度差异而进行分离。

颗粒在重力沉降过程中不受周围颗粒和器壁的影响，称为自由沉降。一般来说，在颗粒含量较少，设备尺寸又足够大的情况下可认为自由沉降。而颗粒浓度大，颗粒间距小，在沉降过程中，颗粒之间有相互影响，颗粒沉降的过程称为干扰沉降。

根据牛顿第二运动定律，上面3个力的合力等于颗粒的质量与其加速度 a 的乘积，即

$$F_g - F_d - F_b = ma \tag{4-4}$$

如上所述，颗粒达到匀速运动后合力为零，即

$$F_g - F_d - F_b = 0 \tag{4-5}$$

因此，静止流体中颗粒的沉降过程可分为两个阶段，即加速段和等速段。等速段中颗粒相对于流体的运动速度 $u=u_t$，u_t 为沉降速度。

等速阶段有：

$$F_g = F_d - F_b \tag{4-6}$$

以球形颗粒为例可得到沉降速度 u_t 的关系式：

$$u_t = \sqrt{\frac{4gd(\rho_s - \rho)}{3\xi\rho}} \tag{4-7}$$

$$\xi = f(Re_t) = f\left(\frac{du_t\rho}{\mu}\right) \tag{4-8}$$

式中，ρ_s 为颗粒的密度，kg/m^3。

沉淀法是水处理最基本的方法之一，其是利用水中分散相悬浮颗粒与水的密度差异，在重力的作用下，使之发生相对运动而分离的操作。根据水中悬浮颗粒的凝聚性能和浓度，沉淀通常可分为四种不同的类型：自由沉淀、絮凝沉淀、成层沉淀、压缩沉淀。自由沉淀通常发生在水中悬浮物浓度不高的场合，沉淀过程中悬浮固体可视为互不干扰，如沉砂池中沙砾的沉淀。根据式（4-7）可知，颗粒沉降时，沉降速度会受到颗粒形状、$(\rho_s - \rho)$、流体流动状态、器壁效应的影响。因此，这时颗粒的沉淀性能，一般都要通过实验测定。

4.1.4 实验设计

4.1.4.1 实验方案

实验所用物料为生活污水或用黏土配水。

实验设备为有机玻璃沉淀柱。由泵将配水泵入沉淀柱，在一定时间间隔取样测定悬浮物浓度，确定悬浮物的沉降速度。

4.1.4.2 实验测试方法

如图 4-1 所示，在水深为 H 的沉淀柱内，进行静止状态下的自由沉淀实验。当沉淀时间为零时，水中的悬浮物浓度为 c_0（mg/L），此时沉淀去除率为零。当沉淀时间为 t_1 时，从水深为 H 处取一水样，测定其悬浮物浓度为 c_1（mg/L），则颗粒沉速大于 $u_1 = H/t_1$ 的所有颗粒一定已通过取样点，而残余的颗粒必然具有小于 u_1 的沉速。这样，具有沉速小于 u_1 的颗粒与全部颗粒的比例为 $x_1 = c_1/c_0$。在不同的沉降时间 t_2、t_3…，具有沉速小于 u_2、u_3…的颗粒比例 x_2、x_3…也可求得。将这些数据整理可绘得颗粒沉速累计频率图，如图 4-2 所示。

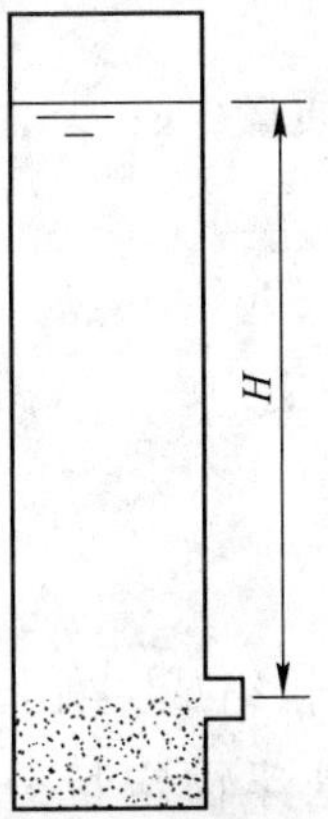

图 4-1 沉淀柱

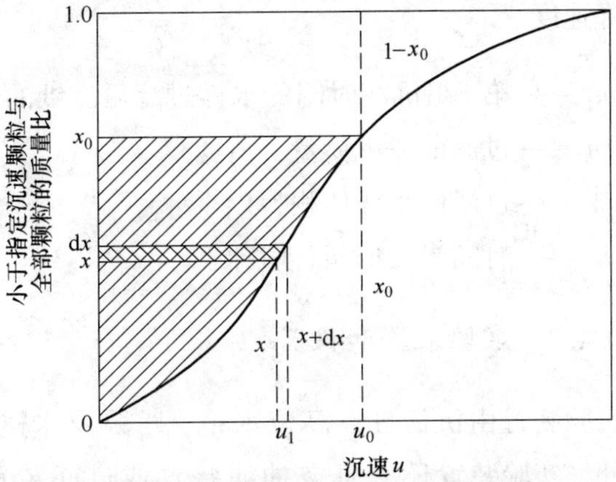

图 4-2 颗粒物沉降速度累计频率图

设 x_0 代表沉速小于 u_0 颗粒所占的百分率，于是全部悬浮颗粒中，去除的百分率可用 $(1-x_0)$ 表示。由于

$$\frac{h}{H}=\frac{ut_0}{u_0t_0}=\frac{u}{u_0}$$

因此沉速小于 u_0 的各种粒径的颗粒在沉降时间 t_0 内按 u/u_0 的比例去除。考虑各种颗粒的粒径时，总的去除率为：

$$E=(1-x_0)+u_0\int_0^{x_0}u\mathrm{d}x$$

式中第二项可将沉淀分配曲线用图解积分法确定，如图 4-2 中的阴影部分。本实验采用的是测定沉淀柱中部不同历时悬浮物浓度的方法，即在实验开始时，使悬浮物在水中均匀分布。随着沉淀时间 t 的增加，悬浮物在柱内的分布变得不均匀。为了测定悬浮物的浓度，严格地说，应该将实验柱中有效水深 H 的全部水样取出测定其悬浮物含量，即重深分析法。但这样工作量太大，每个沉淀柱仅能求出一个时刻的沉淀效率。为了减少工作量，同时考虑到悬浮物浓度随水深的变化，实验在 $H/2$ 处取样，并近似认为该处水样的浓度代表整个有效水深悬浮物的平均浓度，这样做在工程上是允许的。由此在沉淀柱内就可多次取样，完成沉淀曲线实验。

悬浮物的浓度 $$c=\frac{m_i-m}{V}\times 100\%\ (\mathrm{mg/L})$$

沉降速度 $$u=\frac{h_i}{t_i}$$

式中 m_i——第 i 组沉淀时间的水样过滤后滤纸的恒重质量，g；

m——过滤前滤纸质量，g；

V——过滤的水样体积，L；

h_i——时间为 t_i 时沉淀柱水深。

4.1.4.3 实验装置和仪器

本实验装置由沉淀柱、高位水箱、水泵及水样调配箱组成，如图 4-3 所示。此外，实验装置还有真空抽滤装置或过滤装置、悬浮物定量分析设备（包括分析天平、带盖称量瓶、干燥器、烘箱等）。

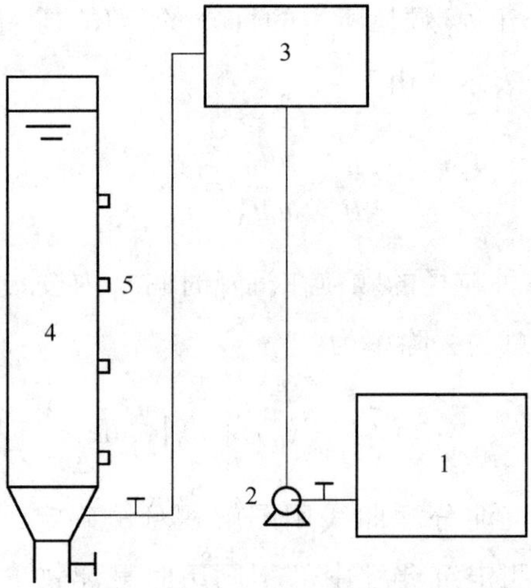

图 4-3 自由沉降实验装置

1—配水箱；2—水泵；3—高位水箱；4—沉淀柱；5—取样口

4.1.4.4 简要实验步骤

（1）在配水箱中灌满处理的配水。

（2）启动水泵，把调配好的水样送入高位水箱。保持一定液位。循环搅拌约 5min，使废水悬浮物分布均匀。

（3）开启沉淀柱进水阀，待沉淀柱充满水样后，关闭进水阀，即记录沉淀开始时间，此时 $t=0$。

（4）观察静置沉淀现象。

（5）设定取样时间间隔时间，从中部取样口取样两次，每次 100mL（准确记下水样体积），取水样后测量工作水深。

（6）将每一组沉淀时间的水样做平行实验，用滤纸抽滤（滤纸应当是已在烘箱内烘干后称量过的），过滤后，再把滤纸放入已准确称量的带盖称量瓶内，在 105~110℃烘箱内烘干后称量滤纸的增量，此增量即为水样中悬浮物的质量。

4.1.5 实验数据记录和处理

4.1.5.1 实验记录表

将自由沉淀实验数据填入表 4-1 中。

表 4-1 自由沉淀实验记录表

第　组；姓名　　　；学号　　　；实验日期

原水特性：温度　℃；悬浮物浓度　　mg/L；pH

沉淀柱参数：直径　mm；水深　　mm

使用混凝剂的种类、浓度									
实验编号		1	2	3	4	5	6	7	8
取样时间									
颗粒沉淀									
水样中悬浮物 (SS)/mg·L^{-1}	1								
	2								
	平均								
小于指定沉速颗粒百分比									
沉淀效率/%									

4.1.5.2 数据处理

（1）根据不同沉淀时间工作水深的平均深度 H 和沉淀时间计算颗粒的沉降 u，以及 t 时水样中悬浮物浓度 c。

（2）绘出小于指定速度颗粒质量百分比（c_t/c_0）与颗粒的沉降速度 u

(横坐标)的关系图，即颗粒沉降速度累计频率分布曲线。

4.1.6　实验结果与讨论

(1) 根据颗粒沉降速度累计频率分布曲线，计算总去除率，绘出总去除率 E 与沉降速度 u 关系曲线，也称沉淀效率曲线，同时绘出总去除率 E 与沉淀时间 t 的关系曲线。

(2) 分析实验所确定的沉淀曲线。

4.1.7　实验注意事项

(1) 原水样如需投加混凝剂，应投加在高位水箱内，混合、反应完成后再进行实验。

(2) 如果原水样悬浮物含量较低，可把取样间隔时间延长。

4.1.8　思考题

(1) 如何根据沉淀曲线设计矩形重力沉淀池尺寸，给出设计方法。

(2) 实验中是否需考虑器壁效应?

4.2　旋风除尘器性能测定实验

4.2.1　实验目的

(1) 掌握毕托管测定风速的方法。

(2) 掌握旋风除尘器入口风速与阻力、全效率、分级效率之间的关系以及入口浓度对除尘器除尘效率的影响。了解影响旋风除尘器性能的主要因素。

(3) 通过对分级效率的测定与计算，进一步了解粉尘粒径大小等因素对旋风除尘器效率的影响。

4.2.2　实验内容

(1) 测定与计算旋风分离器的效率。

(2) 测定旋风分离器阻力。

4.2.3 实验基本原理

当流体围绕某一中心轴做圆周运动时，便形成了惯性离心力场。在与中心轴距离为 R、切向速度为 u_T 的位置上，离心加速度为 u_T^2/R。离心加速度不是常数，它随位置及切向速度的改变而变化，其方向沿旋转半径从中心指向外周。当流体带着颗粒旋转时，由于颗粒密度大于流体密度，因此惯性离心力将会使颗粒在径向上与流体发生相对运动而飞离中心达到分离的目的。

颗粒在离心力场中也受到 3 个力的作用，即惯性离心力、向心力和阻力。向心力与重力场中的浮力相当，其方向为沿半径指向旋转中心。阻力的方向与颗粒径向运动方向相反，沿半径指向中心。颗粒若为球形，其直径为 d，则上述 3 个力分别为：

离心力
$$F_c = \frac{\pi}{6} d^3 \rho_s \frac{u_T^2}{R} \tag{4-9}$$

向心力
$$F_b = \frac{\pi}{6} d^3 \rho \frac{u_T^2}{R} \tag{4-10}$$

阻力
$$F_d = \xi \frac{\pi}{4} d^2 \frac{\rho u_r^2}{2} \tag{4-11}$$

式中，u_r 为颗粒与流体在径向上的相对速度，m/s。

当合力为零时
$$F_c = F_b + F_d \tag{4-12}$$

颗粒在径向上相对于流体的运动速度 u_r 就是颗粒在此位置上的离心沉降速度，因此

$$u_r = \sqrt{\frac{4d(\rho_s - \rho) u_T^2}{3\xi \rho R}} \tag{4-13}$$

由式（4-13）可知，颗粒形状、流动状态、颗粒与流体的密度差和切向速度等，影响颗粒的离心沉降速度。

旋风分离器可用分离效率表示旋风分离器分离混合气体中颗粒的性能好坏。旋风分离器的分离效率通常有两种表示方法。

总分离效率
$$\eta = \frac{C_1 - C_2}{C_1} \times 100\% \tag{4-14}$$

式中　η——除尘效率；

C_1，C_2——旋风分离器进、出气体含尘质量浓度，kg/m^3。

分级效率
$$\eta_i = \frac{C_{1i} - C_{2i}}{C_{1i}} \times 100\% \tag{4-15}$$

$$\eta = \sum \eta_i x_i \tag{4-16}$$

式中　C_{1i}，C_{2i}——进、出气体粒径在第 i 段范围内颗粒质量浓度，kg/m^3；

x_i——i 段粒径范围内颗粒占全部颗粒的质量分数。

4.2.4　实验设计

4.2.4.1　实验方案

实验装置由旋风分离器、除尘闸门、出尘斗、加尘器、风管、风机、电动机和排风管等组成。含尘量颗粒可用粉碎小麦等模拟。

4.2.4.2　实验测定方法和仪表

A　采样位置的选择

正确地选择采样位置和确定采样点的数目，对采集有代表性的并符合测定要求的样品是非常重要的。采样位置应选取气流平稳的管段，原则上避免弯头部分和断面形状急剧变化的部分，要求气流速度在 5m/s 以上。采样孔和采样点的位置主要根据圆形管道的大小与断面的形状而定。

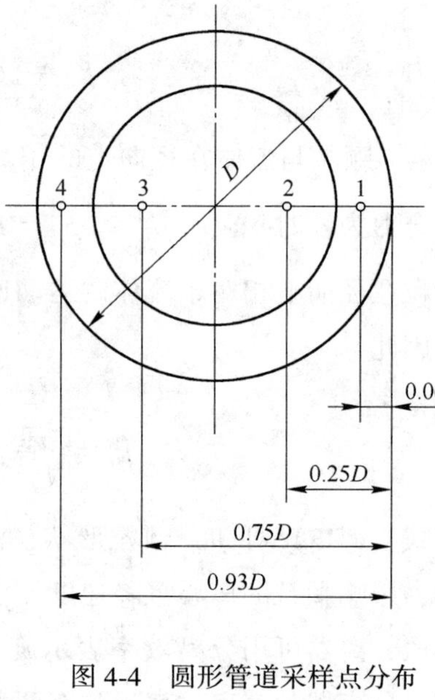

图 4-4　圆形管道采样点分布

圆形管道采样点分布如图 4-4 所示。将管道的断面划分为适当数目的等面积同心圆环，各采样点均在等面积的中心线，所分的等面积圆环数由管道的直径大小而定。

B 空气状态参数的测定

旋风除尘器的性能通常是以标准状态（1.013×10^5Pa，273K）下的性能来表示的。空气状态参数决定了空气所处的状态，因此可以通过测定气体状态参数，将实际运行状态的空气换算成标准状态的空气，以便于互相比较。

含尘气状态参数包括空气的温度、密度、相对湿度和大气压力。含尘气的温度和相对湿度可用干湿球温度计直接测得，也可由烟尘测试仪测得。大气压力由大气压力计测得。含尘气密度由下式计算：

$$\rho_g = \frac{P}{RT} = \frac{P}{287T} \tag{4-17}$$

式中 ρ_g——含尘气密度，kg/m^3；

P——大气压力，Pa；

T——含尘气温度，K。

实验过程中，要求气体相对湿度不大于75%。

C 除尘器处理风量的测定和计算

a 含尘气进口流速的测定与计算

含尘气流量的仪器利用烟尘测试仪（测量头为S型毕托管）和倾斜微压计进行测定。

S型毕托管使用于含尘浓度较大的管道中。毕托管由两根不锈钢管组成，测端做成方向相反的两个相互平行的开口，如图4-5所示，测定时，一个开口面向气流，测得全压，另一个背向气流，测得静压。两者之差便是动压。

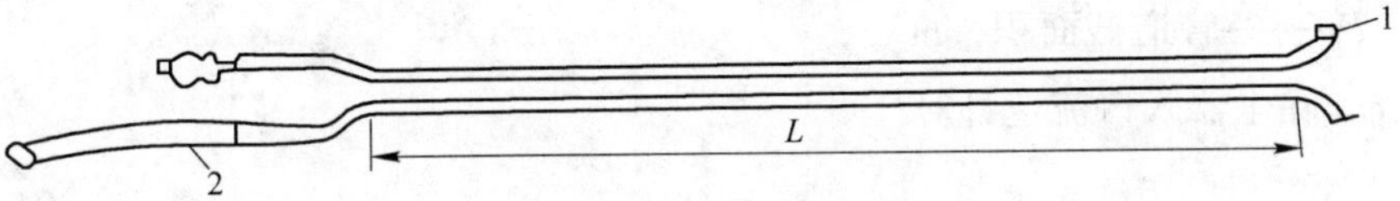

图4-5 毕托管的构造

1—开口；2—接橡皮管

由于背向气流的开口上吸力影响，所得静压与实际值有一定误差，因此事先要加以校正。方法是与标准风速管在气流速度为2～60m/s的气流中进行比较，S型毕托管和标准风速管测得的速度值之比，称为毕托管的校正系数。

当流速在5~30m/s的范围内，其校正系数值约为0.84。S型毕托管可在厚壁管道中使用，且开口较大，不易被尘粒堵住。

当干气组分同空气近似，露点温度在35~55℃，气体绝对压力在（0.99~1.03）$\times 10^5$Pa时，可用下列公式计算含尘气入口流速：

$$v_1 = 2.77K_p\sqrt{T}\sqrt{P} \tag{4-18}$$

式中 K_p——毕托管的校正系数，$K_p = 0.84$；

T——含尘气底部温度，℃；

$\sqrt{P}$——各动压平方根的平均值，Pa，$\sqrt{P} = \dfrac{\sqrt{P_1} + \sqrt{P_2} + \cdots + \sqrt{P_n}}{n}$；

P_n——任一点的动压值，Pa；

n——动压的测点数。

测压时将毕托管与倾斜微压计用橡皮管连好，动压测值由水平放置的倾斜微压计读出。倾斜微压计测得动压值按下式计算：

$$P = LK\gamma \tag{4-19}$$

式中 L——倾斜微压计读数；

K——斜度修正系数，K=0.2，0.3，0.4，0.6，0.8；

γ——酒精相对密度，$\gamma = 0.81$。

b 除尘器处理风量计算

$$Q = F_1v_1 \tag{4-20}$$

式中 Q——处理风量，m^3/s；

v_1——含尘气进口流速，m/s；

F_1——管道截面积，m^2。

c 除尘器入口流速计算

$$v_2 = Q/F_2 \tag{4-21}$$

式中 v_2——入口流速，m/s；

Q——处理风量，m^3/s；

F_2——除尘器入口面积，m^2。

d 气体含尘浓度的测定

对于排放的含尘气颗粒浓度的测定，一般采用从管道中抽取一定量的含尘气，由滤筒收集烟气中颗粒后，根据收集尘粒的质量和抽取含尘气的体积求出含尘气中尘粒浓度。为取得有代表性的样品，必须进行等动力采样，即指尘粒进入采样嘴的速度等于该点的气流速度，因而要预测含尘气流速再换算成实际控制的采样流量。图 4-6 为采样装置。将采集尘样的滤筒放在 105℃烘箱中烘 2h，取出置于玻璃干燥器内冷却 20min 后，用分析天平称重。将结果记录在表 4-2~表 4-4 中。

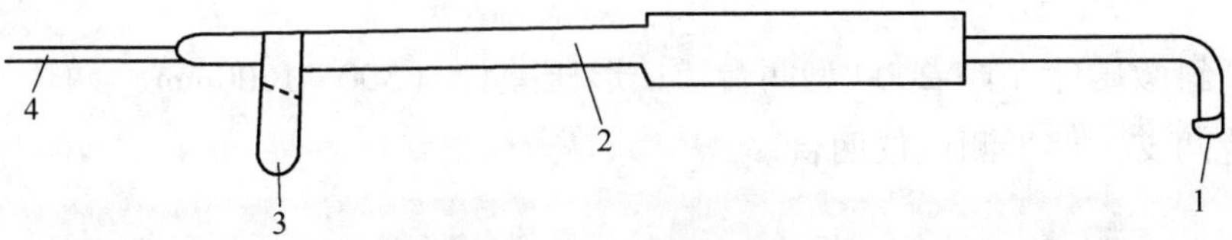

图 4-6 尘粒采样装置

1—采样嘴；2—采样管（内装滤筒）；3—手柄；4—橡皮管［接尘粒采样仪（流量计+抽气泵）］

e 除尘器阻力的测定和计算

由于实验装置中除尘器进出口管径相同，因此除尘器阻力可用两个测压板所在断面处的（见图 4-7）静压差（扣除管道沿程阻力与局部阻力）求得。

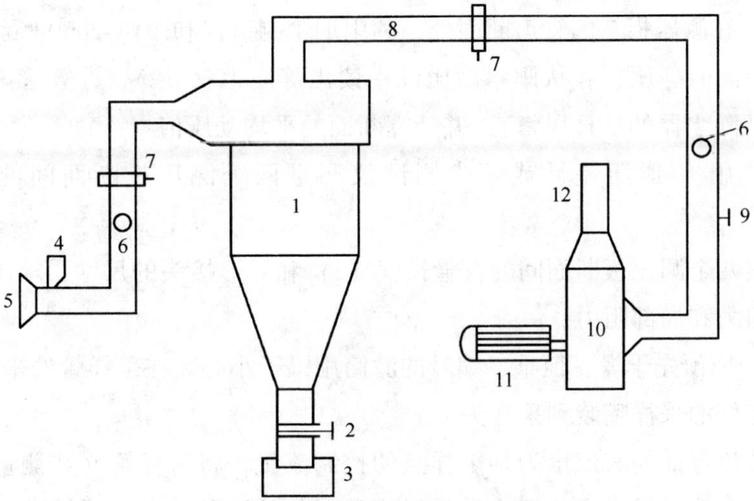

图 4-7 旋风分离器性能测定实验装置

1—旋风分离器；2—除尘闸门；3—出尘斗；4—加尘器；5—进风口；6—取样口；7—测压板；8—风管；9—调节阀；10 —风机；11—电动机；12—排风管

4.2.4.3 实验装置、流程

实验装置如图4-7所示。含尘气体通过旋风除尘器将粉尘从气体中分离，净化后的气体由风机经过排气管排入大气。所需含尘气体浓度由发尘装置配置。

4.2.4.4 测量仪表

倾斜微压计YYT-2000型两台，U形压差计（500~1000mm）两个，烟尘采样管两支，烟尘测试仪两台。

4.2.5 实验步骤

（1）测定室内空气干、湿球温度和相对湿度及空气压力，计算管内的气体密度。

测试前先将滤筒编号，然后在105℃烘箱中烘2h，取出后置于干燥器内冷却20min，再用分析天平测得初重并记录。

（2）启动风机，风量由小到大确定6~10个工况点。

（3）确定工况后，开始测量风速。

（4）在测压板7的管道断面处，利用烟尘测试仪和YYT-2000倾斜微压计测定该断面的静压，并从倾斜微压计中读出静压值（p_s），计算管内的气体流量（即除尘器的处理风量），并计算断面的平均动压值（p_d）。

（5）用U形压差计或烟尘测试仪测量两个测压板断面间的静压差（ΔH）。

量出两个测压板断面间的直管长度（z）和异形接头的尺寸，求出断面间的沿程阻力和局部阻力。

（6）把预先干燥、恒重、编号的滤筒用镊子小心装在采样管的采样头内，再把选定好的采样嘴装到采样头上。

调节流量计使其流量为某采样点的控制流量，将采样管（或测量头）插入采样孔，找准采样点位置，使采样嘴背对气流预热10min后转动180°，即采样嘴正对气流方向，同时打开抽气泵的开关进行采样。按各点的流量和采样时间逐点采集尘样。

（7）各点采样完毕后，关掉仪器开关，抽出采样管，待温度降下后，小心取出滤筒保存好。

(8) 改变调节阀开启程度，重复以上实验步骤，确定除尘器在各种不同工况下的性能。

4.2.6 实验数据处理和实验结果讨论

4.2.6.1 实验数据记录与处理

实验数据记录格式见表 4-2~表 4-4。

表 4-2 除尘器处理风量测定结果记录表

第　组；姓名　　　；学号　　；实验日期

空气：干球温度　　　；湿球温度　　　；相对湿度　　　；压力　　　；空气密度

旋风分离器尺寸：高　　　mm；直径　　　mm

测定次数	微压计读数/mm C_2H_5OH			微压计倾斜角系数	静压/Pa	管内流速/$m \cdot s^{-1}$	风管横截面积/m^2	风量/$m^3 \cdot s^{-1}$	除尘器进口面积/m^2
	初读	终读	实际						
1									
2									
⋮									

表 4-3 除尘器阻力测定结果记录表

测定次数	微压计读数/mm C_2H_5OH			测压板断面间的静压差/Pa	直管长度/mm	管内平均动压/Pa	管间的总阻力系数	管间的局部阻力/Pa	除尘器阻力/Pa	除尘器在标准状态下的阻力/Pa	除尘器进口截面处动压/Pa
	初读	终读	实际								
1											
2											
⋮											

表 4-4 除尘器效率测定结果记录表

测定次数	发尘量/g	发尘时间/s	除尘器进口气体含尘浓度/$g \cdot m^{-3}$	收尘量/g	除尘器出口气体含尘浓度/$g \cdot m^{-3}$	除尘器总效率/%
1						
2						
⋮						

4.2.6.2 结果讨论分析要点

（1）以除尘器进口气速为横坐标，除尘器全效率为纵坐标，绘制旋风除尘器全效率（η）与入口气速的关系，讨论全效率与入口气速的变化规律。

（2）以除尘器进口气速为横坐标，除尘器在标准状态下的阻力为纵坐标，将上述实验结果标绘成曲线。讨论旋风分离器阻力（ΔP）随入口气速变化规律。

4.2.7 思考题

（1）影响旋风分离器效率因素有哪些？

（2）如何评价旋风分离器性能？

（3）旋风分离器全效率和阻力随入口气速变化规律对旋风分离器运行有何指导意义？

4.3 换热器综合实验

4.3.1 实验目的

（1）了解顺流、逆流时传热温差的不同计算方法以及对传热的影响。

（2）了解不同类型的间壁式换热器的传热性能。

4.3.2 实验内容

（1）测定顺流、逆流时的传热温差，计算换热推动力。

（2）测定各种不同换热器的总传热系数。

4.3.3 实验基本原理

在工业生产和科学研究中经常采用间壁式换热装置来实现物料的加热或冷却。这种换热过程是冷热流体通过传热设备中传热元件的固体壁面进行热量交换的。传热过程中冷热流体遵循热量衡算方程：

$$Q = q_{m1}c_{p1}(T_1 - T_2) = q_{m2}c_{p2}(t_2 - t_1) \tag{4-22}$$

式中　Q——传热速率，W；

q_{m1}，q_{m2}——热、冷流体流量，kg/s；

c_{p1}，c_{p2}——热流体、冷流体比热，J/(kg·℃)；

T_1，T_2——热流体进、出口温度，℃；

t_1，t_2——冷流体进、出口温度，℃。

传热设备的能力通常用传热速率方程表示：

$$Q = KA\Delta t_m$$

$$K = \frac{Q}{A\Delta t_m} \tag{4-23}$$

对数平均温差计算

$$\Delta t_m = \frac{\Delta t_1 - \Delta t_2}{\ln \frac{\Delta t_1}{\Delta t_2}} \tag{4-24}$$

式中　K——总传热系数，W/(m²·℃)；

A——传热面积，m²；

Δt_m——对数平均传热温差，℃。

无论是设计换热器设备还是核算换热器的传热能力，都需要知道传热系数。

在间壁对流传热过程中，传热过程机理十分复杂，传热系数的大小受冷、热流体的性质、流动状态、固体壁面的导热性能等诸多因素影响，不能直接采用严格的理论公式进行计算，必须借助实验实际测定。

根据式（4-23）可知，在工程上强化传热过程可以通过提高总传热系数、提高传热面积和提高平均传热温差三方面入手。但是在不同的场合，强化措施的着眼点并不完全相同。新型传热面不断被开发出来以提高传热面积，如各种翅片管、波纹板、板翅、静态混合器以及其他异形表面等。采用这些新型传热面收到一举两得的效果，既增加了单位体积的传热面积，又可在操作过程中使流体的湍动程度大大增加。

在换热器的操作过程中，传热面积是确定的，操作人员主要考虑通过增大总传热系数（或减小总热阻）和增大传热温差来提高传热速率。如果存在控制热阻，减小总热阻需要针对控制热阻来进行。

增大传热温差的常用具体措施如下：

(1) 采用温位更高的加热剂或温位更低的冷却剂。

(2) 提高加热剂或冷却剂的流量。有时，加热剂或冷却剂的对流传热并非控制热阻，但增加其流量还是能有效改善传热效果。这是因为加热剂流量增加使其在换热器出口处温度升高，或冷却剂流量增加使其在出口处温度降低，这些都能使换热器平均温差增大。

强化换热器传热过程途径很多，但每一种都是以提高制造成本、增加流体输送动力或有效能为代价的。因此，在采取强化措施时，要综合考虑制造费用、能量消耗等诸多因素。

4.3.4 实验设计

4.3.4.1 实验方案

流体介质为冷、热水。

换热实验装置由套管换热器、板式换热器、列管式换热器、管道、管件、电加热及固态计电控制仪表、转子流量计、蒸汽压力表、铜-康铜热电偶温度计、热电阻温度计组成。列管式换热器的换热面积为 $0.51m^2$，套管式换热器换热面积为 $0.22m^2$，螺旋板式换热器的换热面积为 $0.40m^2$。

4.3.4.2 检测方法

换热器进出口装有热电偶用于测定流体温度，转子流量计用于测定流量。

4.3.4.3 实验流程

实验装置如图 4-8 所示。冷水从冷水箱由泵送入各个换热器，列管换热器、套管换热器、螺旋板换热器各装有进出口阀门。热水由电加热，热泵将热水由热水箱送入各个换热器。冷水顺逆流换向阀门组可以调节流体的流向。

4.3.5 实验步骤

(1) 熟悉流程，接通电源。

(2) 将冷水水箱充水，保持一定液位。

(3) 打开热水泵开关，通过转子流量计阀门调节热水流量，打开热水加热器开关。

(4) 进行顺流换热实验前，确认冷却水循环侧的顺流、逆流切换开关是

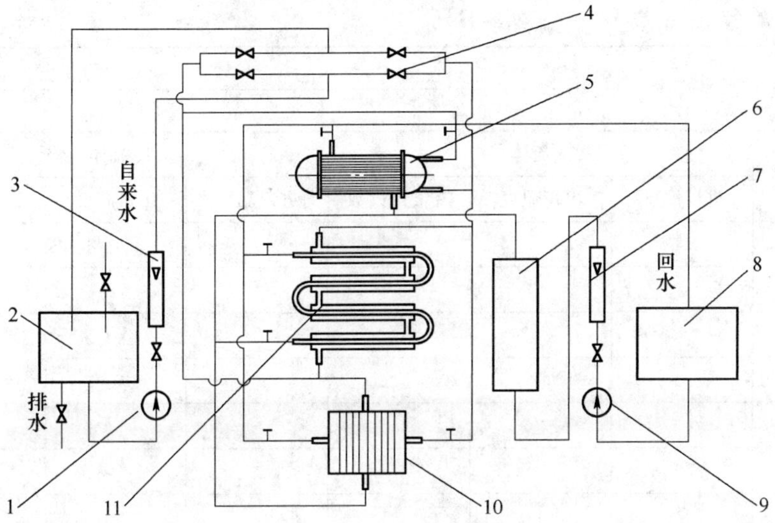

图 4-8 换热器总转热系数测定流程

1—冷水泵；2—冷水箱；3—冷水浮子流量计；4—冷水顺逆流换向阀门组；5—列管式换热器；6—电加热水箱；7—热水浮子流量计；8—回水箱；9—热水泵；10—螺旋板式换热器；11—套管式换热器

否满足实验需要（对角阀门全开/全关）。

（5）实验过程中，确保实验台后冷水箱水位达到水箱容量 2/3 以上，缺水时及时打开给水阀门加水。

（6）待热水进口温度达到 60℃ 以上时，打开冷水泵开关，进行换热实验。

（7）待冷水出口温度稳定后，按照表记录实验数据，为确保实验工况稳定，在不改变实验工况的情况下重复实验。

（8）关冷水泵，切换顺流逆流控制开关，进行逆流换热实验，重复步骤（4）~（6）进行实验。

（9）实验结束，关闭热水泵、冷水泵、加热器，关闭冷水箱给水阀。

4.3.6 实验数据处理和实验结果讨论

4.3.6.1 实验数据记录

实验数据记录格式见表 4-5。

表 4-5 实验数据记录

第 组；姓名 ；学号 ；实验日期

设备类型：

室温：

工况		热流体			冷流体		
		进口温度	出口温度	流量计读数	进口温度	出口温度	流量计读数
逆流							
并流							

4.3.6.2 结果分析讨论

（1）根据测定结果计算，在双对数坐标纸求出不同换热器的 *Re-Nu* 的关系，写出关联式。

（2）讨论各个换热器逆流、并流的推动力温差大小的变化。

（3）分析误差，找出原因。

（4）讨论不同换热器的传热性能。

4.3.7 思考题

（1）影响传热速率的因素有哪些，有哪些提高传热速率的方法？

（2）什么是逆流、并流操作，逆流并流操作有哪些优缺点？

（3）在实验中如何判断什么时候可以读取数据？

4.4 液-液萃取实验

4.4.1 实验目的

（1）了解萃取过程的基本原理。

（2）了解脉冲填料萃取塔的结构。

（3）熟悉液-液脉冲填料萃取塔的操作和性能参数测定方法。

（4）了解全塔物料衡算和脉冲填料萃取塔操作的过程分析。

（5）了解脉冲填料萃取塔传质效率的强化原理和策略。

4.4.2　实验内容

（1）测定一定脉冲速度下的液-液萃取体积总传质系数。

（2）测定一定脉冲振幅下的液-液萃取体积总传质系数。

4.4.3　实验基本原理

液-液萃取是两相间的传质过程。为了使溶质能更快地从原料液进入萃取剂中，要求萃取在设备内两相间获得较高的传质效果。为了获得此效果，首先要使两相密切接触、充分混合，而后要使传质后的两相能较快地彻底分离，以提高萃取分离效果。萃取设备中形成的液滴越小，两相间的传质面积越大，传质也越快。填料萃取塔是应用广泛的一种萃取设备，具有结构简单、造价低、操作方便、便于安装和制造等优点；缺点是效率低，不适合处理含有固体悬浮物的原料。塔内填料可以使分散相液滴不断破碎与聚合，以使液滴的表面不断更新，造成相际间的质量交换；减少连续相的纵向混合。

萃取是利用液体混合物中各组分对某一溶剂的溶解度存在一定的差异来分离液体混合物的一种过程。萃取又称溶剂萃取或液-液萃取，是一种用液态的萃取剂处理与之不互溶的双组分或多组分溶液，实现组分分离的传质分离过程，是一种广泛应用的单元操作。

萃取塔的分离效率可以用体积传质系数 $K_{d}a$（或 $K_{c}a$）、传质单元高度 H_{OD}（或 H_{OC}）表示。影响脉冲填料萃取塔分离效率的因素主要有填料的种类、轻重两相的流量及脉冲强度等。对几何尺寸和填料一定的实验设备，在两相流量固定条件下，脉冲强度或速度增加，传质单元高度降低，塔的分离能力增加。

本实验以体积传质系数 $K_{d}a$（或 $K_{c}a$）表示萃取单元的传质效率，具体计算过程如下：

$$H = H_{OD}N_{OD} = H_{OC}N_{OC} \tag{4-25}$$

$$H_{OD} = \frac{G_d}{K_d aA} \quad 或 \quad H_{OC} = \frac{G_c}{K_c aA}$$

$$N_{OD} = \int_{x_2}^{x_1} \frac{dx}{x - x_e} \quad 或 \quad N_{OC} = \int_{y_2}^{y_1} \frac{dy}{y_e - y} \tag{4-26}$$

式中　H——萃取塔的有效传质高度，m；

H_{OD}，H_{OC}——以分散相和连续相为基准的传质单元高度，m；

N_{OD}，N_{OC}——以分散相和连续相为基准的传质单元数；

G_d，G_c——分散相和连续相中稀释剂的质量流量，kg · s；

$K_d a$——以分散相为基准的体积传质系数，kg/(m^3 · s)；

$K_c a$——以连续相为基准的体积传质系数，kg/(m^3 · s)；

x_1，x_2——分散相进、出萃取塔的质量浓度，kg/kg；

y_1，y_2——连续相进、出萃取塔的质量浓度，kg/kg；

x_e——与连续相浓度 y 呈平衡的分散相浓度，kg/kg；

y_e——与分散相浓度 x 呈平衡的连续相浓度，kg/kg。

对于稀溶液，N_{OD}、N_{OC} 可用对数平均推动力法计算：

$$N_{OD} = \frac{x_1 - x_2}{\Delta x_m}$$

$$\Delta x_m = \frac{(x_1 - x_{1e}) - (x_2 - x_{2e})}{\ln \dfrac{x_1 - x_{1e}}{x_2 - x_{2e}}}$$

$$N_{OC} = \frac{y_1 - y_2}{\Delta y_m}$$

$$\Delta y_m = \frac{(y_1 - y_{1e}) - (y_2 - y_{2e})}{\ln \dfrac{y_1 - y_{1e}}{y_2 - y_{2e}}} \tag{4-27}$$

物系的相平衡关系可近似用直线关系来表示：

$$y_e = mx \quad 或 \quad x_e = \frac{y}{m} \tag{4-28}$$

式中　m——相平衡常数。

y 与 x 间的关系可由系统的物料衡算方程确定：

$$G_d(x_1 - x_2) = G_c(y_1 - y_2) \tag{4-29}$$

H_{OD}、N_{OD} 或 H_{OC}、N_{OC} 是萃取设计中两个重要的参数。其中，N_{OD} 或 N_{OC} 是表示工艺上分离难易程度的参数。N_{OD} 或 N_{OC} 大，说明物系难分离，需要较多的塔板数或较高的萃取传质高度才行。H_{OD} 或 H_{OC} 是表示萃取设备传质性能优劣的参数，主要反映设备结构、两相的物性、操作因素以及外加能量大小的影响。

N_{OD} 或 N_{OC} 可以通过实验测定分散相和连续相的进、出口浓度而求得，H_{OD} 或 H_{OC} 则可按照实验萃取塔的有效传质高度用式（4-30）计算：

$$H_{OD} = \frac{H}{N_{OD}} \quad 或 \quad H_{OC} = \frac{H}{N_{OC}} \tag{4-30}$$

4.4.4 实验设计

4.4.4.1 实验方案

本实验以水为萃取剂，从煤油中萃取苯甲酸。水相为萃取相，用 E 表示，在本实验中又称连续相（重相）。煤油相为萃余相，用 R 表示，在本实验中又称分散相（轻相）。轻相入口处，苯甲酸在煤油中的质量比组成应保持在 0.0015~0.0020kg/kg 为宜。轻相（煤油相）由塔底进入。轻重两相在塔内呈逆向流动进行质量传递。在萃取过程中，苯甲酸部分地从萃余相转移到萃取相。萃取相及萃余相进出口浓度由容量分析法测定。由于水与煤油是完全不互溶的，且苯甲酸在两相中的浓度都很低，因此可认为在萃取过程中两相液体的体积流量不发生变化。

4.4.4.2 实验测试方法

用容量分析法测定各样品的浓度。用移液管分别取煤油相 10mL、水相 25mL 样品，以酚酞做指示剂，用 0.01mol/L 左右 NaOH 标准溶液滴定样品中的苯甲酸。在滴定煤油相时应在样品中加数滴非离子型表面活性剂醚磺化 AES（脂肪醇聚乙烯醚硫酸酯钠盐），也可加入其他类型的非离子型表面活性剂，并剧烈地摇动滴定至终点。

4.4.4.3 实验装置与流程

本实验装置由脉冲式填料萃取塔、煤油泵、原料液储罐、水泵、压缩机、稳压罐、脉冲频率调节仪、电磁阀、转子流量计、管路和管件等组成。塔径 ϕ100mm，塔中填料高度 1800mm。

实验流程如图 4-9 所示。在塔的下部和上部，轻重两相的入口管分别在塔内向上或向下延伸约 200mm，分别形成两个分离段，轻重两相将在分离段内分离。水相和油相的输送用磁力驱动泵，计量用转子流量计。脉冲空气由频率调节仪控制电磁阀的接通时间和断开时间而形成。脉冲强度可通过脉冲压力和脉冲频率反映出。脉冲压力可从面板上的压力表读出，其大小可用面板后的针形阀来调节；脉冲频率可从频率调节仪上读出，其大小可通过频率调节仪的触摸按键来调节。

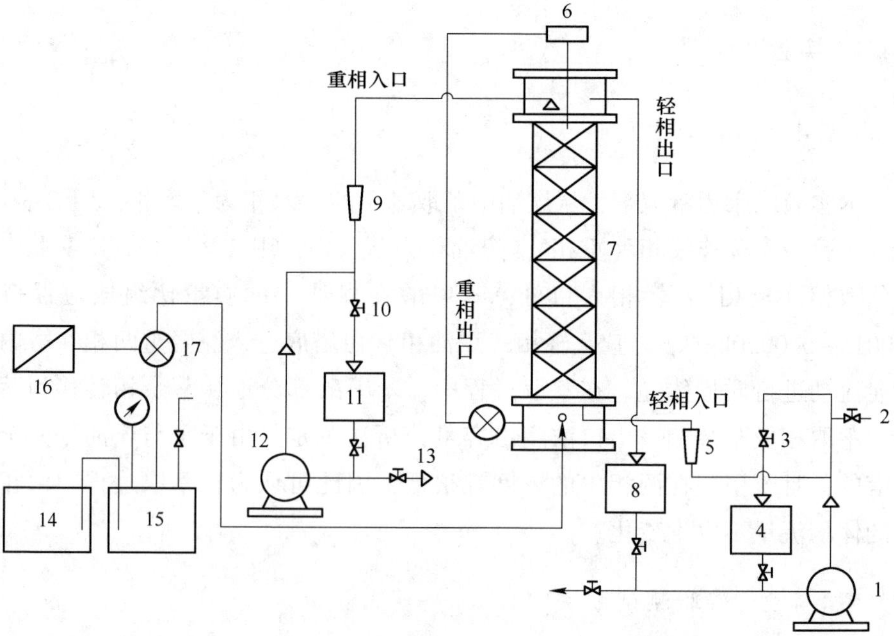

图 4-9 脉冲式填料萃取塔实验流程

1—煤油泵；2—回收阀；3—回流阀；4—轻相原料液储罐；5—轻相流量计；6—相界面控制仪；7—萃取塔；8—轻相出口液储罐；9—重相流量计；10—回流阀；11—重相入口液储罐；12—水泵；13—排放阀；14—压缩机；15—稳压罐；16—脉冲频率调节仪；17—电磁阀

4.4.5 实验步骤

（1）在实验装置水储槽内放满水。在煤油储槽内装满配置好的轻相入口煤油。分别启动水相和煤油相送液泵，将两相的回流阀打开，使其循环流动。

（2）全开水转子流量计调节阀，将重相（连续相）送入塔内。当塔内水面快上升到重相入口与轻相出口中点时，将水流量调至指定值，通过相界面控制仪，使塔内液位稳定在重相入口与轻相出口中点附近位置上。

（3）将轻相（分散相）流量调至指定值。在实验过程中，通过相界面控制仪调控，保持塔顶分离段两相的相界面始终位于重相入口与轻相出口中点附近。

（4）当开始做有脉冲的实验时，要开动脉冲频率仪的开关，将脉冲频率和脉冲空气的压力调到一定数值，进行某脉冲强度下的实验。在该条件下，两相界面不明显，但注意不要让水相混入油相储槽之中。

（5）在操作过程中，要绝对避免塔顶的两相界面过高或过低。若两相界面过高，到达轻相出口的高度，将会导致重相混入轻相储罐。

（6）操作稳定30min后用锥形瓶收集轻相进、出口的样品各约40mL，重相出口样品约50mL，用于浓度分析。

（7）改变脉冲频率，保持油相和水相流量不变，将脉冲频率和脉冲空气的压力调到一定数值，进行另一条件下的测试。

（8）实验完毕后，关闭两相流量计和脉冲频率仪开关，切断电源。滴定分析过的煤油应集中存放回收。洗净分析仪器，清理并保持实验台面整洁。

4.4.6 实验数据处理和实验结果讨论

4.4.6.1 实验数据记录

实验数据记录格式见表4-6。

表4-6 实 验 记 录

第 组；姓名 ；学号 ；实验日期

重相 轻相

塔直径 塔高 塔填料

编号	直流电压/V	分析 x_1 所消耗的NaOH标准溶液/mL				分析 x_2 所消耗的NaOH标准溶液/mL			
		1	2	3	平均	1	2	3	平均
1									
2									
3									
⋮									

4.4.6.2 实验数据处理和结果分析讨论

(1) 由于煤油和水的密度不同，要对煤油的转子流量计读数进行校正。

(2) 在直角坐标纸上作出 H_{OD} - V(或f) 的曲线。

(3) 讨论不同脉冲速度的液-液萃取总传质系数。

(4) 讨论不同脉冲振幅强度下液-液萃取总传质系数。

(5) 讨论随 V 的不同，H_{OD} 的变化趋势，并结合传质理论做分析。

4.4.7 思考题

(1) 增加萃取剂用量对萃取的分离效果有何影响？

(2) 重相出口为什么采用 π 管，如何确定 π 管的高度？

(3) 什么是萃取塔的液泛，如何确定萃取塔的液泛？

5 演示实验

5.1 雷诺实验

5.1.1 实验目的

（1）观察层流、湍流的流态及转换特征。

（2）确定临界雷诺数。

5.1.2 实验基本原理

流体流动有层流和湍流两种不同形态。流体层流流动时，其质点仅沿着与管轴平行的方向做直线运动，质点之间互不混合。湍流时，流体质点在沿管轴方向向前流动的同时还有其他方向的脉动，质点相互碰撞和混合。

雷诺准数是判断流动形态的准数。若流体在圆管内流动，则雷诺准数 Re 可用下式表示：

$$Re = \frac{du\rho}{\mu}$$

式中 d ——管径，m；

u ——流速，m/s；

ρ ——流体密度，kg/m^3；

μ ——流体黏度，Pa · s。

一般认为，当 $Re<2000$ 时，流动形态为层流；当 $Re>4000$ 时，流动形态为湍流。Re 数在两者之间，有时为层流，有时为湍流，流型不确定，与环境条件有关。

一定温度的流体在特定的圆管内流动，雷诺准数仅与流速有关。本实验通过改变水在管内的速度，观察在不同雷诺数下流体流型的变化。

5.1.3 实验装置

本实验的装置如图 5-1 所示。

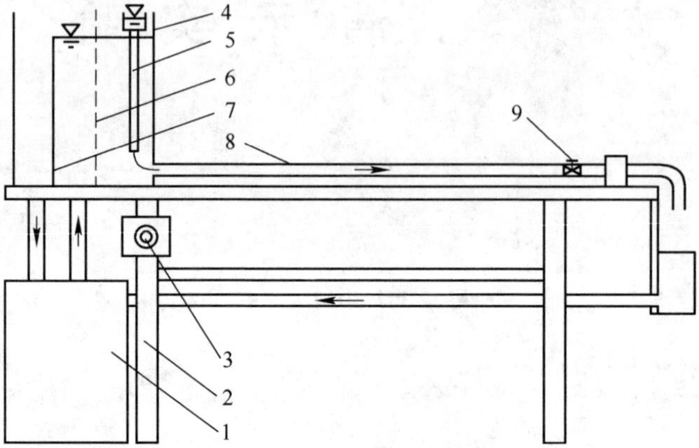

图 5-1 雷诺实验装置

1—自循环供水器；2—实验台；3—晶闸管无级调速器；4—恒压水箱；5—有色水水管；6—稳水孔板；7—溢流板；8—实验管道；9—流量调节阀

实验装置的供水流量由无级调速器调控，使水箱 4 始终保持微溢流的程度，以提高进口前水体稳定度。水箱还设有多道稳水隔板。有色水经有色水水管 5 注入实验管道 8，可根据有色水散开与否判别流态。为防止自循环水污染，有色指示水采用自行消色的专用有色水。

5.1.4 实验操作

打开调速器开关 3 使水箱充水至溢流水位。稳定后，微微开启调节阀 9，并注入颜色水于实验管内，使颜色水流成一直线。通过颜色水质点的运动观察管内水流的层流流态。然后逐步开大调节阀，通过颜色水直线的变化观察层流转变到湍流的水力特征。待管中出现完全湍流后，逐步关小调节阀，观察由湍流转变为层流的水力特征。

5.2 流体机械能的变化实验

5.2.1 实验目的

（1）通过本实验，加深对能量转化概念的理解。

（2）观察流体流经收缩、扩大管段时，各截面上静压头的变化。

5.2.2 实验基本原理

不可压缩的流体在管道中做稳定流动时，管道截面的改变致使各截面上的流速不同，从而引起相应的静压头变化，其关系可由流动过程中能量衡算式描述，即

$$gz_1 + \frac{u_1^2}{2} + \frac{p_1}{\rho} = gz_2 + \frac{u_2^2}{2} + \frac{p_2}{\rho} + \sum h_f$$

式中 z_1，z_2——所取两截面流体相对于某基准面的垂直高度，m；

u_1，u_2——所取两截面的流体流速，m/s；

p_1，p_2——所取两截面上的压力，Pa。

对于水平玻璃管道，阻力很小，可以忽略，则上式变为：

$$\frac{u_1^2}{2} + \frac{p_1}{\rho} = \frac{u_2^2}{2} + \frac{p_2}{\rho}$$

5.2.3 实验装置

实验装置流程如图 5-2 所示。本实验装置为一高位水箱与水平管道连接的流动系统。水平管道由前后两段管和中间安装一有机玻璃的收缩管、弯管、缩小管、扩大管和直管等管段组成。在实验管上共有 19 个测压点，它们分别与指示屏上相应的 U 形压力计或玻璃管连接。

由于本实验的水源来自标高约为 6m 的高位水箱，管中的静压强较大，为了满足以玻璃单管测量 1~19 测压点的静压强，在玻璃单管上采用气封装置。当水通过管道时，由于管道截面发生变化引起流速的变化，致使部分静压头转化成动压头。静压头转化为动压头的变化可由各玻璃管中水柱高度指示出来，指示标尺的零位距管道中心高为 260mm。

5.2.4 实验操作

打开开关供水，使水箱充水，待水箱溢流，检查调节阀关闭后所有测压管水面是否齐平。如不平则需查明故障原因并加以排除，直至调平。打开阀 13，观察相连测压口中水柱高度的变化。

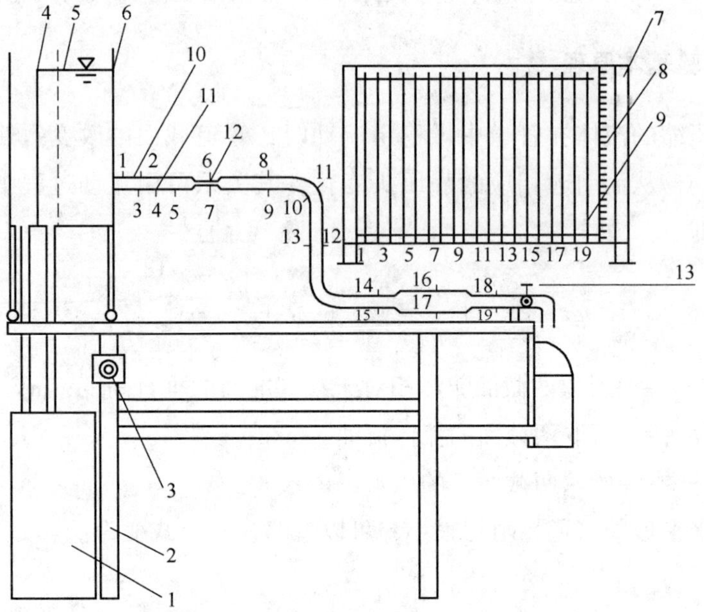

图 5-2 伯诺里方程实验装置

1—自循环供水器；2—实验台；3—晶闸管无级调速器；4—溢流板；5—稳水孔板；6—恒压水箱；7—测压计；8—滑动测量尺；9—测压管；10—实验管道；11—测压点；12—毕托管；13—流量调节阀

5.3 离心泵的汽蚀现象

5.3.1 实验目的

（1）观察离心泵产生汽蚀时的现象。

（2）了解汽蚀现象产生的原因和防止方法。

5.3.2 实验基本原理

离心泵之所以可以输送流体，是由于离心泵的叶轮在旋转时产生离心力，将液体甩向外沿，使泵的中心处形成真空，由于贮槽液面上的压力为大气压，因此，泵可依靠此压差将液体压入泵内。

设泵如图 5-3 所示安装。

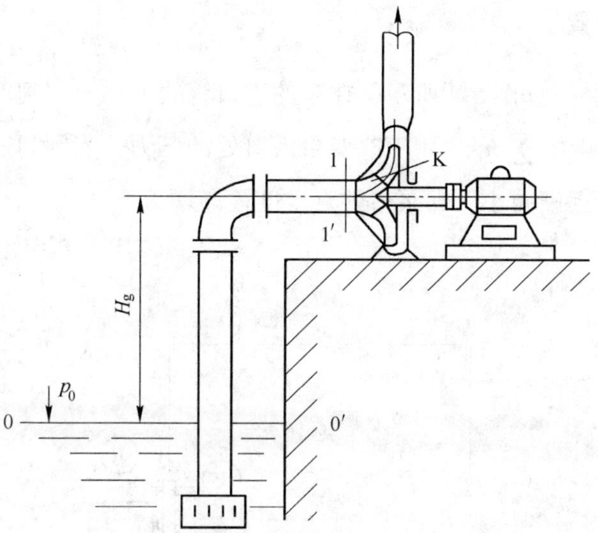

图 5-3 离心泵的安装

如果泵输送的是水，那么，由在 0—0′、1—1′两截面间列出伯努利方程为：

$$\frac{p_0}{\rho g} = H_g + \frac{u_1^2}{2} + \frac{p_1}{\rho} + \sum h_f$$

由此可见，即使在泵的吸入口为绝对真空（即 $p_1 = 0$）和管路阻力 $\sum h_f = 0$ 的情况，

$$\frac{p_0}{\rho g} > H_g$$

即泵的最大吸入高度，不可能超过 10.33mH_2O（1mH_2O = 9.81kPa）。所以离心泵的安装高度是有一定限度的。

在输送液体时泵的进口压力受到泵所送的液体饱和蒸汽压 p_v 的限制，换言之，p_1 必须大于 p_v。当安装高度 H_g 达到某一高度时，$p_1 = p_v$，这时液体就要大量汽化，产生许多气泡。这样，由于体积骤然膨胀，这些气泡随液体进入泵体内的高压区时，又被压缩而突然凝结消失了，这就使周围的液体以极大的速度冲向气泡中心的空间。这些气泡冲击点上产生很高的局部压力，不断地冲击着叶轮的表面，使叶轮很快受侵蚀损坏，故称“汽蚀”。这个现象产生时，所产生的大量气泡，使泵体发生震动，并发出噪声，同时泵的流量、扬程和效率都明显地下降，在实际操作中必须避免。

5.3.3 实验装置

汽蚀实验装置如图 5-4 所示，在泵的进口管线上加设一闸门阀，借以增加泵的吸入管线阻力 $\sum h_f$，用于改变泵入口处的压力，当闸门逐渐关小时，泵口的压力 p_1 就逐渐减小，即泵口的真空度逐渐增大。

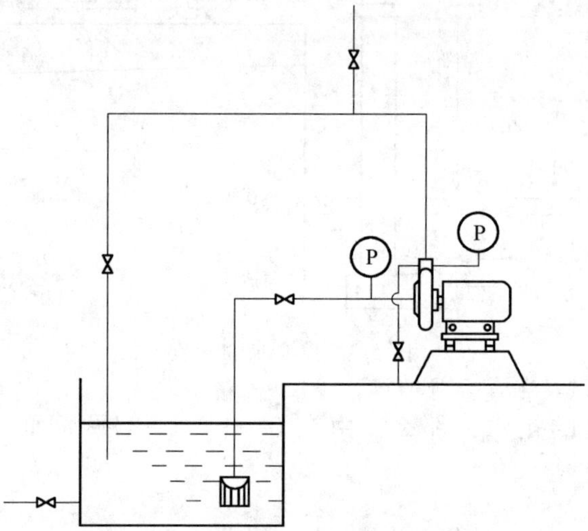

图 5-4 离心泵汽蚀现象实验装置

5.3.4 实验操作

打开引水阀，往泵体内注水，同时打开泵上方的排气阀。待泵内注满水时，关闭引水阀，开动电动机。打开离心泵的出口阀门，使泵正常工作。然后，慢慢地关闭泵入口处的阀门，当真空表读数达到 700mmHg（1mmHg = 133.322Pa）时，细心地观察玻璃泵口和压力表的变化，在真空度 730 ~ 750mmHg 时会有大量气泡形成，并且压力表指针明显不稳，说明汽蚀现象已开始。此时，不能关小进口阀，否则会造成泵的损坏。实验结束断开电动机开关，打开泵进口阀门。

5.4 塔设备的流体力学现象

5.4.1 实验目的

（1）观察筛板塔正常操作时塔板上气液两相的接触状况，同时观察不正常的流动：漏液、雾沫夹带及液泛现象。

（2）了解填料塔载液点、液泛点，观察拉西环填料塔不正常现象，同时与金属θ环填料塔比较，进一步了解不同填料对填料塔操作的影响。

5.4.2 实验基本原理

5.4.2.1 板式塔操作时气液两相的流动状况

塔板上气液接触，塔内气液流动，都与塔板上的流体力学有关。当塔板操作时，液体从上层塔板经溢流管流到塔板和气体形成错流通过塔板。由于塔板上装有一定高度的堰，因此塔板上保持着一定的液层，液层越过堰从溢流管流到下层塔板。气体从下一层塔板经筛孔上升，穿过液层，形成气液混合物，进行气液接触后，与液体分开，继续上升到上一层塔板。

当塔板在低气流速度下时操作，气体通过塔板为克服开孔处的液体表面张力，以及液层摩擦阻力所形成的压强降，不能抵消塔板上液层的重力，因此液体将会穿过塔板上的开孔往下漏，即产生漏液现象。

当塔板在高气速下操作时，液滴被气流从一层塔板带到上一层塔板，引起浓度返混，产生雾沫夹带的现象。

当塔板上液体量很大，上升气体速度很高，塔板压降很大，液体来不及从溢流管向下流动，液体在塔板上不断积累，液层不断上升，使整个塔板空间都充满气液混合物，这就是“液泛现象”。液泛完全破坏了气液的多次逆流操作，使塔分离效果急剧下降。

5.4.2.2 填料塔内操作时气液两相的流动状况

气液两相在填料层内做逆流流动时，气体靠压差自下而上通过填料，液体靠重力自上而下流过填料层，这时气液通过填料层表面进行接触、传质在一定液体喷淋量下，当气速不大时，气体对液体的流动影响不大。当气速增加到一定程度时，气体对液体流动产生牵制作用，使塔内持液量增加，液膜增厚，塔内空隙率减少，气速增加，使压降速率随气速增加而加快。若继续加大气体流速，超过某一极限值，喷淋的液体向下流动严重受阻，使得液体不能顺利向下流动，液体积聚，并扩展到整个填料层空间，此现象为填料塔的液泛现象。

5.4.3 实验装置

实验装置由两套有机玻璃填料塔和一套筛板塔及鼓风机，气、液转子流量计和相应的管线，阀门等部件构成。

5.4.4 实验操作

板式塔、填料塔操作前先向塔内供水，并维持一恒定值，然后逐渐加大空气量，观察气液在塔板上接触情况。

附录　YSI550A 型溶氧仪使用说明

1　标　　定

（1）确定标定室海绵湿润，将探头插入标定室。

（2）打开仪器，预热 15~20min。

（3）同时按“▲”和“▼”两键，进入 CAL（标定）菜单。

（4）按“Mode”键至“%”显示在屏幕右侧，然后按“←┘”键。

（5）输入海拔高度（可用默认值 0），按“←┘”键。

（6）主屏幕读数稳定后，再按“←┘”键。

（7）输入盐度（$0 \sim 70 \times 10^{-12}$，淡水为 0），先按“←┘”键，再按“Mode”键至“mg/L”显示在屏幕右侧，完成标定。

2　测　　量

（1）开启磁力搅拌器，液体流速约 16cm/s。

（2）将探头插入待测液中，液面超过不锈钢段 5mm。

（3）读数稳定后，记录氧浓度和水温度。

3　注 意 事 项

（1）测量完毕将探头放入海绵保存室（标定室），并保持湿润。

（2）标定操作异常，可能需更换电解液或探头膜头。

附表 1 常压下不同温度空气饱和水溶解氧的浓度

温度/℃	$\varphi(O_2)$/%	温度/℃	$\varphi(O_2)$/%	温度/℃	$\varphi(O_2)$/%
0	14.62×10^{-4}	11	11.08×10^{-4}	22	8.83×10^{-4}
1	14.23×10^{-4}	12	10.83×10^{-4}	23	8.68×10^{-4}
2	13.84×10^{-4}	13	10.60×10^{-4}	24	8.53×10^{-4}
3	13.48×10^{-4}	14	10.37×10^{-4}	25	8.38×10^{-4}
4	13.13×10^{-4}	15	10.15×10^{-4}	26	8.22×10^{-4}
5	12.30×10^{-4}	16	9.95×10^{-4}	27	8.07×10^{-4}
6	12.48×10^{-4}	17	9.74×10^{-4}	28	7.92×10^{-4}
7	12.17×10^{-4}	18	9.54×10^{-4}	29	7.77×10^{-4}
8	11.87×10^{-4}	19	9.35×10^{-4}	30	7.63×10^{-4}
9	11.59×10^{-4}	20	9.17×10^{-4}		
10	10.38×10^{-4}	21	8.99×10^{-4}		

参 考 文 献

[1] 陈敏恒，丛德滋，方图南，等. 化工原理［M］. 3版. 北京：化学工业出版社，2006.
[2] King C J. Separation Processes［M］. New York：McGraw-Hi11，1980.
[3] 杨祖荣，刘丽英，刘伟. 化工原理［M］. 北京：化学工业出版社，2015.
[4] 史贤林，张秋香，周文勇，等. 化工原理实验［M］. 2版. 上海：华东理工大学出版社，2018.
[5] 杨祖荣. 化工原理实验［M］. 北京：化学工业出版社，2014.
[6] 郭翠梨. 化工原理实验［M］. 北京：高等教育出版社，2013.
[7] 马江权，魏科年，韶晖，等. 化工原理实验［M］. 3版. 上海：华东理工大学出版社，2016.